黄河水沙调控与生态治理丛书

黄河中游入汇河流
水沙特性与河网数学模型

张金良　白玉川　徐海珏　胡文励　罗秋实 等　著

科学出版社

北　京

内 容 简 介

　　本书从资料分析和数值模拟两方面入手，对黄河中游入汇河流的水沙特性以及库区冲淤规律进行研究，并给出相关建议。首先，对黄河中游各河段以及三门峡库区的基本状况进行概述，并根据历年实测资料分析黄河中游各入汇河流的水沙特性以及河床冲淤演变规律；其次，介绍河网水沙数学模型所依据的理论和方法；再次，介绍黄河中游河网模型的建立、关键问题处理以及模型的率定与验证；然后，将模型应用于实际场景，模拟三门峡水库非汛期运用水位对库区冲淤的影响，探讨水库进一步优化运用的方式；最后，基于分形理论，研究黄河中游河道的分形特性，并对河床形态演变进行量化。

　　本书可供从事河道地形地貌演变等方面的科研人员、学者专家、大专院校相关专业师生参考使用。

图书在版编目（CIP）数据

　　黄河中游入汇河流水沙特性与河网数学模型 / 张金良等著. —北京：科学出版社，2024.3
　　（黄河水沙调控与生态治理丛书）
　　ISBN 978-7-03-077830-7

　　Ⅰ．①黄… Ⅱ．①张… Ⅲ．①黄河中、上游–河流泥沙 ②黄河中、上游–水系–数学模型 Ⅳ．①TV152

　　中国国家版本馆 CIP 数据核字（2023）第 253107 号

责任编辑：朱　瑾　习慧丽 / 责任校对：韩　杨
责任印制：肖　兴 / 封面设计：无极书装

科 学 出 版 社 出版
北京东黄城根北街 16 号
邮政编码：100717
http://www.sciencep.com

北京中科印刷有限公司印刷
科学出版社发行　各地新华书店经销

*

2024 年 3 月第　一　版　　开本：787×1092　1/16
2024 年 3 月第一次印刷　　印张：8 1/2
字数：200 000

定价：128.00 元
（如有印装质量问题，我社负责调换）

前　　言

　　自黄河流域生态保护和高质量发展座谈会以来，各部门积极响应、统筹规划，坚持贯彻黄河大保护政策方针，努力保障黄河长治久安和促进黄河流域生态、经济、文化全面大发展。水少沙多、水沙关系不协调是黄河复杂难治的症结所在，治理黄河要紧紧抓住水沙调控这个"牛鼻子"，完善水沙调控机制，解决"九龙治水"、分头管理问题，实施河道和滩区综合提升治理工程，减缓黄河下游淤积，确保黄河沿岸安全。

　　黄河中游地带穿越生态系统脆弱的黄土高原，携带大量泥沙，成为黄河流域土壤侵蚀最为严重的区域，分析黄河中游水沙变化趋势对于保护黄河流域生态具有重要意义。此外，泥沙淤积问题在库区显得尤为突出，泥沙淤积给防洪和生态保护等方面的工作带来了巨大挑战，对社会经济发展、人民生命财产安全构成了巨大威胁。影响泥沙淤积的因素主要有两个：水沙条件和水库运用方式。近年来，入库水量减少，而泥沙淤积加重，反映出水库运用方式没有充分适应水沙条件的变化，为此，研究库区近期的冲淤演变规律，探讨水库运用方式的进一步优化很有必要。三门峡水库作为黄河中游干流上第一座大型水利枢纽，在黄河全流域的水沙调控中具有重要作用。因此，对三门峡库区水沙调控问题的研究就显得尤为重要。目前，对水库水沙问题的研究主要有理论分析、现场观测、物理模型、数学模型四种方式。对于理论分析，目前尚未有较大的计算上的突破，只能经过简化后得到一些极简单的模型，对于复杂边界条件下的非线性偏微分方程组的求解，理论上难度仍然很大；对于现场观测，则需要耗费大量的人力、物力，且时间周期长、投入成本高、创新成果少；对于物理模型，也需要耗费较多的人力、物力，且一旦边界条件或初始条件发生改变，整个物理模型都需要进行重新设计制作；而数学模型由于操作简单，耗费人力、物力少，且时间周期短，具有可预测性等优点，逐渐成为研究库区水沙变化规律的主要方法。

　　目前黄河中游的水沙数学模型多以单一主河道为主。对于水流数学模型的建立，或是采用能量方程推求水面线，或是采用数值离散圣维南方程组求解；对于泥沙数学模型的建立，或是简化为均匀沙模型直接进行数值离散，或是采用悬移质非均匀沙模型，以不同方法计算挟沙力级配，进而计算悬移质级配与床沙级配变化规律。此类模型中，支流通常作为边界条件加入，难以反映出主流和支流水沙的相互影响，也难以进一步分析多河流水沙联合调度与分配问题，因此，建立黄河中游的河网水沙数学模型就显得尤为重要。

　　此外，黄河上游来水来沙会对中游河道的塑造产生重要影响。黄河中游河道形态复杂，难以用定量的数学语言描述，而分形理论中的分维值可以通过定量计算来描述物体形态的微量变化，是描述河道形态变化的一个很好的数学工具。通过计算主河道各个河段的平面、纵剖面、横剖面分维值，可以了解各河段形态上的差异，且进一步建立其与各河段来水来沙的关系，有助于了解水沙变化对河道形态的影响规律，为有关部门开展河道地形地貌演变研究提供理论支撑。

本书以黄河中游河段为研究对象，分析各入汇河流的水沙特性及冲淤演变规律，在黄河中游建立包含各支流的河网模型，并将其应用至三门峡库区，探究水库运用方式对河道冲淤的影响，并给出水库优化运用的建议。此外，本书还对黄河中游主河道的分形特性进行系统研究，计算分段河道平面、纵剖面、横剖面分维值，为黄河中游河道形态的复杂程度提供定量的描述。

博士生胡文励、硕士生陈敬等先后参加了本书的撰写工作，或以不同方式为本书的完成做出了贡献，在此对他们表示由衷的感谢。此外，限于作者的水平，书中难免有不足之处，敬请读者批评指正。

2023 年 10 月

目　　录

第1章　黄河中游河流概况 ……………………………………………………………… 1

　1.1　黄河中游河流基本特性 …………………………………………………………… 1

　1.2　河口镇至禹门口河段的河流属性 ………………………………………………… 2

　1.3　禹门口至潼关河段的河流属性 …………………………………………………… 2

　1.4　三门峡库区河段的河流属性 ……………………………………………………… 3

　1.5　三门峡水利枢纽概况 ……………………………………………………………… 4

　1.6　黄河中游水沙数学模型研究现状 ………………………………………………… 6

　1.7　本书内容及技术路线 ……………………………………………………………… 9

第2章　各入汇河流近期来水来沙条件及河床冲淤演变研究 ………………………… 11

　2.1　来水来沙基本特征分析 …………………………………………………………… 11

　2.2　泥沙颗粒级配分析 ………………………………………………………………… 33

　2.3　河床冲淤演变分析 ………………………………………………………………… 38

　2.4　本章小结 …………………………………………………………………………… 46

第3章　河网水沙数学模型理论与方法 ………………………………………………… 47

　3.1　河网水沙数学模型的发展概况 …………………………………………………… 47

　3.2　水流模块原理及计算方法 ………………………………………………………… 50

　3.3　泥沙模块原理及计算方法 ………………………………………………………… 60

　3.4　本章小结 …………………………………………………………………………… 70

第4章　河网水沙数学模型 ……………………………………………………………… 71

　4.1　模型计算范围 ……………………………………………………………………… 71

　4.2　关键问题处理 ……………………………………………………………………… 72

　4.3　河网水沙数学模型的率定及验证 ………………………………………………… 78

　4.4　本章小结 …………………………………………………………………………… 95

第5章　模型应用——三门峡水库非汛期运用水位对库区冲淤的影响 ……………… 96

　5.1　研究背景 …………………………………………………………………………… 96

5.2　近期三门峡水库非汛期运用情况分析 ……………………………… 97

5.3　不同运用方案对库区冲淤影响的数值计算 …………………………… 98

5.4　本章小结 ……………………………………………………………… 110

第6章　黄河中游河道分形特性研究 …………………………………… 111

6.1　分形理论概述 ………………………………………………………… 111

6.2　基于分形的 L 理论及其应用 ………………………………………… 112

6.3　基于分形的随机布朗运动及其应用 ………………………………… 114

6.4　基于分形的水动力学方程推导 ……………………………………… 116

6.5　基于分形的禹门口—史家滩河段河道形态演变 …………………… 119

6.6　本章小结 ……………………………………………………………… 125

参考文献 ………………………………………………………………… 126

第 1 章　黄河中游河流概况

1.1　黄河中游河流基本特性

黄河自内蒙古托克托县河口镇[①]至河南郑州市的桃花峪称为中游。中游干流河道流经内蒙古、山西、陕西、河南 4 个省区的 48 个县市。区间流域面积为 34.4 万 km^2，河长 1206km，分别占全河流域面积的 45.7%和全河长的 22.1%，区间水流落差为 890m，平均比降为 7.4‰。

从河口镇至潼关，黄河由北向南，潼关以下折而向东。其中，河口镇至禹门口（古称龙门）河段，流经晋陕峡谷，是黄河干流上最长的连续峡谷河段，河长 725km，水流落差为 607m，平均比降为 8.4‰；河谷深切，谷底宽一般仅 400～600m；区间流域面积为 11.2 万 km^2，大部分为黄土丘陵沟壑区，水土流失严重，是黄河泥沙特别是粗颗粒泥沙的主要来源地区。禹门口至潼关河段，流经汾渭地堑盆地，河长为 125km，水流落差为 52m，平均比降为 4.2‰，河道宽浅，主槽摆动频繁，为游荡型河段；两岸滩地面积近 600km^2，遇较大洪水时漫滩行洪，有滞洪落淤的作用；区间流域面积为 18.5 万 km^2，黄河的最大和次大支流——渭河及汾河都在此段汇入。潼关至桃花峪河段，河长 356km，水流落差为 231m，平均比降为 6.5‰。其中，潼关至三门峡河段河长 115km，河谷较为开阔，两岸为黄土塬地或台地；三门峡至孟津河段河长 150km，流经中条山与秦岭余脉崤山之间的晋豫峡谷，河谷底宽 200～800m；孟津以下，黄河南靠邙山，北临黄沁河冲积平原，河槽展宽至 1～3km，沿河滩地宽阔，为游荡型河道，北岸在孟州市中曹坡筑有防洪大堤。

河口镇至禹门口河段，处于鄂尔多斯地台向斜与山西地台背斜交界，大致形成一个向西倾斜的单斜，构造简单，河谷基岩地层，除上段万家寨至天桥和下段禹门口附近出露寒武系、奥陶系灰岩外，其余多为二叠系、三叠系砂页岩；河床覆盖物厚度一般为 10～20m，多为砂砾石和粉细砂；沿河地区地震烈度南强北弱，禹门口附近为 8 度，其余地段多为 6 度。禹门口至潼关河段，流经汾渭内陆断陷地带，河道全为第四系沉积物所覆盖。潼关以下，流经山西地台背斜地域，其中三门峡至孟津河段断层褶皱较为发育，构造线方向为北西-南东向和东西向；河谷基岩地层除三门峡出露闪长玢岩、任家堆附近为震旦系石英岩、八里胡同河段为寒武系和奥陶系灰岩外，其余大都是二叠系、三叠系砂页岩；沿河地区地震烈度为 7～8 度。

黄河中游大部分处于大面积间歇性缓慢上升的黄土高原地区，水流纵向侵蚀和侧蚀均较强烈，支流水系多呈树枝状发育。流域面积大于 1000km^2 的一级支流共有 30 条。流域面积大于 5000km^2 的较大支流有浑河、窟野河、无定河、延河、汾河、涑水河、渭

河、洛河、沁河 9 条，其中渭河流域面积最大，水量最多，是黄河的最大支流。该河段下段的花园口站[①]年平均天然径流量为 560 亿 m³，其中河口镇至花园口区间天然径流量为 247 亿 m³，约占花园口站年平均径流量的 44%。

黄河中游地区土壤侵蚀严重。其中，河口镇至禹门口和禹门口至三门峡两个河段，年输沙量分别为 9.0 亿 t 和 5.5 亿 t，分别占全河年输沙量的 56% 和 34%。黄河泥沙中粒径大于 0.05mm 的粗颗粒泥沙，主要来自该河段的黄甫川、窟野河、无定河等支流的中下游和马莲河、北洛河的河源区。

黄河中游地区夏秋之际暴雨和洪水频繁，是黄河洪水的主要来源。花园口站实测最大洪峰流量为 22 300m³/s，三门峡站调查历史最大洪峰流量为 36 000m³/s。较大洪水的来源组成主要有两种类型，一种是以三门峡以上地区来水为主形成的洪水，另一种是以三门峡至花园口区间来水为主形成的洪水。

1.2　河口镇至禹门口河段的河流属性

黄河河口镇至禹门口河段，经晋陕峡谷，流经内蒙古、山西、陕西 3 个省区，河长 725km，是典型的峡谷型河段，此段河流也称为北干流。黄河北干流除了河曲、保德及府谷河段较宽（1~1.5km），其余绝大多数河谷底宽 400~600m，两岸峡谷陡峻，沟道支流众多，地貌支离破碎，降水时水流湍急，水力资源丰富，但利用则相对困难，主河道形态多为弯曲和顺直河型。汇入支流众多，均发源于黄土丘陵沟壑区，正是由于黄河支流多流经黄土高原，洪水多携带大量泥沙，是黄河粗泥沙主要来源区域。同时，冲沙堆积在沟口，常形成洪积扇，在干流河床宽阔处形成高大稳定的峪口滩，长达数千米。峡谷下段有著名的壶口瀑布，河宽仅为 30~50m，枯水水流落差约为 18m。

黄河河口镇至禹门口河段峡谷，地处我国地势第二阶梯，平均海拔为 1000~2000m。河东昕水河以北诸支流的中上游、河西白于山以及西南黄龙山，海拔为 1500~2000m，其他地区海拔大都为 1000~1500m，各支流下游及干流河谷海拔一般为 600~1000m。河口镇至禹门口地势的特点是北高南低、东西高中间低，河床冲积覆盖层厚 0~22m。

1.3　禹门口至潼关河段的河流属性

禹门口至潼关河段通称黄河小北干流河段，地处汾渭地堑，北为吕梁背斜，西为鄂尔多斯中拗陷，南为秦岭地轴，东南为中条山隆起。该河段河长 125km，流域面积为 18.5 万 km²，穿行于山西运城和陕西渭南两市之间，两岸为黄土台塬，高出河床 50~200m，为山西和陕西两省的天然界线。该河段平均河宽为 8.5km，最宽处达 18km，最窄处为 3.5km，其平面形态呈哑铃状，可分为上、中、下三段，上、下段为宽河段，中段为窄河段。河道比降为 0.3‰~0.6‰，上陡下缓，具有比降陡，流速大，洪水猛涨猛落，河道宽、浅、乱，主流摆动不定等特点。由于黄河河道宽浅，水流散乱，主流摆动频繁，

[①] 本书提到的站位都是水文站。

素有"三十年河东，三十年河西"之说，是典型的游荡型河道，也是"揭河底"现象的多发地段，曾多次发生凌汛，易造成严重灾害。

根据现有的历史资料记述，小北干流河段经历了三个发展时期：一是秦朝至唐朝初期，为稳定时期；二是唐朝中期至元朝，为不稳定时期；三是明朝至中华人民共和国成立前，为泛滥时期。现在小北干流河段处于第四个时期，河势仍然变化莫测，河道主流游荡，摆动频繁剧烈，高岸滩区不断坍塌，河床逐年淤积抬高。

1.4　三门峡库区河段的河流属性

在 15 万年以前，黄河禹门口至三门峡河段还处在三门古湖的范围内。大约在距今 15 万年期间，太行山东麓的溯源侵蚀将三门峡切穿，黄河中下游贯通，三门古湖水沙开始向东泄入黄河下游，并将大量泥沙广布于黄河下游平原，三门古湖逐渐消失，形成了黄河中游三门峡库区河段。

三门峡库区河段主要指三门峡水库的库区范围。库区集水面积为 29 688km²，其中潼关以上约占 30%，潼关以下约占 70%。该河段按自然地理特点可以分为三段：①禹门口至潼关河段，该河段即通称的小北干流河段，自北向南穿行于山西、陕西两省之间，河谷广阔，宽达 4～18km，两岸为黄土台塬，塬面高出河床 50～200m，滩地面积约为 630km²，较大的滩地有陕西省的新民滩、朝邑滩和山西省的连伯滩、永济滩等，小北干流河段是典型的堆积、游荡型河道，这一河段的特性；②潼关至大坝河段，该河段自潼关折而向东，是陕西、山西、河南三省的界河，属于峡谷型河道，宽度为 1～6km，两岸为黄土台塬，并可区分为三级阶地，阶地的上部为第四纪黄土，岸顶高出河床 20～60m；③潼关至渭河下游和潼关至北洛河下游，两个河段均穿行于河谷阶地之间，河谷宽度分别为 3～6km 和 1～2km，两个河段均属于蜿蜒性河道，处于冲淤基本平衡并微淤的状态。

三门峡库区河段处于黄河中游暴雨区。暴雨洪水主要发生在每年 7～10 月，其间发生在 7～8 月的洪水称为伏汛，发生在 9～10 月的洪水称为秋汛，许多大洪水常发生在伏汛和秋汛之交，故也将伏汛和秋汛合称为秋伏大汛。

黄河中游河口镇至禹门口区间与禹门口至三门峡区间是黄河主要暴雨洪水的来源地，由这一地区形成的黄河下游大洪水，称为黄河的"上大型洪水"。例如，1933 年 8 月的黄河大洪水，花园口洪峰流量为 20 400m³/s，三门峡以上相应来水流量为 18 500m³/s，占花园口洪峰流量的 90.7%，而洪量占 91.4%。"上大型洪水"具有洪峰高、洪量大、含沙量大的特点。据历史洪水调查估算，龙门站在道光年间曾发生 31 000m³/s 大洪水；陕县站 1843 年的最大洪峰流量为 36 000m³/s，1933 年实测最大洪峰流量为 22 000m³/s。"上大型洪水"是黄河最主要的洪水威胁。

三门峡库区河段的径流和泥沙主要来自黄河中游，可分别从黄河干流的龙门站、渭河的华县站、汾河的河津站、北洛河的状头站获得相应数据。四站多年平均径流量为 414.5 亿 m³，最大为 1964 年的 697.8 亿 m³，最小为 1928 年的 202.2 亿 m³，多年平均流量为 1310m³/s。各站水量所占比例为：黄河干流的龙门站占 75.7%，渭河的华县站占 19.0%，汾河的河津站占 3.4%，北洛河的状头站占 1.9%。四站多年平均输沙量为 14.8

亿 t,最大为 1933 年的 40.7 亿 t,最小为 1986 年的 4.19 亿 t。各站输沙量所占比例为:黄河干流的龙门站占 64.9%,渭河的华县站占 27.0%,汾河的河津站占 2.6%,北洛河的状头站占 5.5%。四站 7～10 月合计输沙量占年输沙量的 88.1%。

三门峡库区河段属于典型的堆积、游荡型河道。根据多种方法推算,三门峡建库前多年平均淤积量为 0.65 亿 t,多年平均淤积厚度为 0.021m。而对于渭河下游河道,根据渭河下游河流沉积相分析,咸阳至泾河河口段,河道接近冲淤平衡;泾河河口至赤水河段,由冲淤平衡向微淤型河道过渡;赤水至渭河河口为微淤型河段。根据考古分析,近 2500 年以来咸阳至西安河岸滩地约淤高 1m,华县附近约淤高 3m,多方面分析结果显示,渭河下游河道在近 2500 年内有缓慢上升的趋势,是一条微淤或冲淤基本平衡的河流。潼关至三门峡坝址河段为山区峡谷河段,根据历史资料分析,该河段长期处于冲淤平衡状态,河道稳定。潼关高程是该河段最令人关心的问题。根据多种途径和资料分析,从三国(220～280 年)至今,潼关河段沉积厚度约为 14m,平均每年淤高 0.008m。潼关 1000m³/s 流量对应的水位,从 1929 年的 321.45m 上升至 1960 年的 323.55m,共上升 2.1m,平均每年上升 0.068m,说明建库前潼关处于轻微淤积状态。

1.5   三门峡水利枢纽概况

三门峡水利枢纽工程控制流域面积为 68.84 万 km²,占黄河全流域面积的 91.5%,来水量占总来水量的 89%,来沙量占总来沙量的 98%,是以防洪为主,兼有防凌、灌溉、供水、发电、减淤等综合功能的水库。库区范围包括黄河禹门口以下小北干流及支流渭河、北洛河下游部分,潼关至大坝长 114km,为山区峡谷型水库,渭河、北洛河在潼关附近汇入黄河,交汇地带河床宽 10km 左右。而潼关河床突然缩窄到约 1km,形成天然卡口,对黄河干流、渭河及北洛河下游起着局部侵蚀基准面的作用。

三门峡水利枢纽工程于 1957 年 4 月 13 日正式开工,1958 年 11 月 25 日实现截流,1960 年 9 月基本建成,之后开始蓄水,水库进入蓄水拦沙运用期。在最初设计时,人们对自然规律缺乏全面地把握,盲目听信苏联专家的建议,错误地认为水库来沙水平将会显著降低[1],严重低估了水库泥沙淤积问题的严重性,没有考虑多沙河流的特性,将清水河流水库的运用方式照搬至三门峡水库,因而在水库投入使用初期即出现了严重的泥沙淤积问题。从 1960 年 9 月至 1962 年 3 月,三门峡累计入库水量 717 亿 m³、沙量 17.36 亿 t,仅有 13%的泥沙以异重流形式排至库外,回水超过潼关,库内淤积严重[2],335m 以下库容损失约 17 亿 m³,潼关高程[潼关(六)断面 1000m³/s 流量对应的水位]由建库前的 323.4m 急剧抬升到 1962 年 3 月的 328.07m[3],上升 4.67m。建库以前,潼关高程总体上是缓慢升高,相关学者通过考证认为,从三国到三门峡水库建库之前,潼关高程的平均增加速率为 0.0136m/a,从 1573 年到三门峡水库建库之前,潼关高程的平均增加速率为 0.027m/a,在三门峡水库建库前的 10 年,潼关高程的平均增加速率为 0.035m/a[4],而建库之后,仅仅一年半时间,潼关高程就上升了 4.67m。潼关高程的迅速抬升,导致黄河小北干流、北洛河下游以及渭河下游的河床比降变缓[5],使得库区淤积形势进一步恶化,并由此带来了一系列区域性灾害,特别是渭河,行洪不畅严重威胁渭河下游防洪安全和西安市的安全。

为了减缓水库淤积，从 1962 年 3 月起，三门峡水库的运用方式由蓄水拦沙运用改为滞洪排沙运用，汛期闸门全开敞泄，只保留防御特大洪水的任务[1]，然而，由于泄流排沙设施规模较小，在丰水丰沙的 1964 年，库区再度发生严重淤积，为此，三门峡水利枢纽工程进行了两次扩建，泄流能力增大。一系列的措施减轻了库区淤积，潼关高程有所降低。

从 1973 年 11 月开始，在成功改建和改进水库运用方式的基础上，根据黄河汛期、非汛期水沙特点和汛期洪水在库区河段具有富余冲刷能力的特性，三门峡水库开始采用蓄清排浑的运用方式，即在来沙少的非汛期蓄水防凌、春灌、发电，汛期特别是洪水期降低水位泄洪排沙，把非汛期淤积在库内的泥沙调节到汛期洪水时期排至库外[6]。该运用方式一直延续至今，这一时期又可以分为三个时段。

第一个时段为 1974~1985 年，该时期的水库运用方式对来水来沙条件适应较好，潼关高程的变化比较平缓，潼关以下河段保持着冲淤平衡的态势。

第二个时段为 1986~2002 年，从 1986 年开始，上游龙羊峡水库和刘家峡水库开始联合运用，使得黄河上游来水来沙条件发生了很大变化，来水量特别是汛期来水量大幅度减少，导致库区泥沙淤积的问题再次变得尖锐，潼关高程又开始不断升高，水库运用方式需要进一步调整。

第三个时段为 2003 年至今，为了减少淤积，控制潼关高程，水利部于 2003 年开展了原型试验，在原先运用方式的基础上，使三门峡水库非汛期最高运用水位降低到 318m 以下[1]，该方案一直沿用至今，简称"318"运用。具体来说，"318"运用的内容是：非汛期最高运用水位不超过 318m，汛期平水期按照 305m 控制，流量大于 1500m³/s 时敞泄排沙[7]。这样的运用方式可以带来两方面好处：一方面，该方案可以将水库回水末端控制在阌乡断面以下，使得潼关附近的河床冲淤摆脱三门峡水库的影响，从而使潼关高程得到控制；另一方面，最高运用水位降低后可以使潼关至三门峡河段的淤积重心靠近坝前，增强汛期洪水冲刷效果，缓解河道淤积[8]。

纵观三门峡水库建库以来几十年的发展历程，库区治理的核心问题在于泥沙淤积。毫无疑问，泥沙淤积带来的危害是巨大的，对库区防洪、生态保护等方面的工作构成了严峻的挑战，而解决这一问题最根本的方法便是根据实际情况及时调整三门峡水库的运用方式。首先，建库初期人们对于该区域水沙输移规律的认识严重不足，三门峡水库最初的设计运用方案存在巨大的系统性认知错误，经过长期的摸索，人们终于掌握了其中蕴含的自然规律，并据此制定了科学的运用方案，然而运用方式的合理与否并不是一成不变的，只有及时根据来水来沙条件的变化不断做出相应调整，才能真正解决库区泥沙淤积的问题。

水库运用方式对来水来沙条件的适应是三门峡库区泥沙治理的主题，过去几十年的工作大多围绕这一中心展开。如今，距离上一次大的调整"318"运用又过去了近 20 年时间，2003~2012 年库区冲淤发展态势良好，潼关以下河段发生了冲刷，潼关高程整体上也在不断下降，至 2012 年汛后，潼关高程降至最低点 327.38m，然而从 2013 年开始，形势发生了变化，潼关高程又开始不断攀升，至 2019 年汛后，达到了 328.08m。和之前持续冲刷的态势不同,潼关以下河道也在 2013 年之后发生了一定程度的淤积,新的形势暴露出水库现行的运用方式存在一定不足,没有充分适应来水来沙条件的变化,存在进一步优化的空间,对于这一问题,相关学者也根据实测资料进行了一些分析研究,但利用数学模型探讨进一步优化运用方案的研究较少。

此外,目前针对黄河中游的水沙数学模型,研究对象以单一直河段为主,为了能够充分考虑主支流水沙的相互作用,有必要在该区域建立河网模型。本书针对三门峡库区,建立了河网数学模型,并尝试利用该模型来探讨水库进一步的优化运用方案。

1.6　黄河中游水沙数学模型研究现状

1.6.1　三门峡库区泥沙冲淤研究现状

目前对于三门峡库区泥沙冲淤问题的研究,主要从两方面入手,一方面是通过对各时期库区的来水来沙条件、水库运用方式等相关实测资料进行整理分析,探究其与潼关高程变化、河道冲淤量大小及分布、河床形态变化之间的关系,另一方面则是借助数学模型进行研究,其中既有对水沙动力过程进行模拟的数学模型,又有结合统计原理、人工智能等方法构建的数学模型。

从前者入手,一部分研究通过整理相关资料,定性地分析了库区泥沙冲淤和外界条件之间的关系。林秀芝等[9]对 1960 年三门峡建库以来水沙条件、水库运用方式及库区冲淤的演变进行了全面的回顾,并将其划分为几个时段,针对各个时段造成泥沙淤积的关键因素,给出了相应见解,在此基础上,根据近期水沙条件的变化对当前三门峡水库的运用方式提出了建议。郑珊等[10]基于实测资料,以 1970 年、1974 年和 2003 年作为时间节点,将 1960~2016 年三门峡水库的冲淤过程分成快速淤积—快速冲刷—缓慢淤积—缓慢冲刷四个阶段,分析了各阶段来水来沙量和库水位对潼关以下河道纵向和横向淤积形态的影响,对比了不同时期各断面面积、冲淤河宽、深泓摆动速率以及河道整体冲淤量的变化,探究了其内在机制。韩其为[11]利用实测资料充分研究并评估了 2003~2005年汛期水库敞泄运用的效果,发现河道在经受了一定程度的冲刷侵蚀后,即便再遇到大流量也无法发生进一步更大程度的冲刷,从而认为泥沙的冲淤存在不可逆性。郭庆超等[12]根据建库前潼关高程的变化速率,认为在天然条件下建库后的 40 年潼关高程大约上升1.4m,而实际却淤高了 5m,可见三门峡水库的修建大幅度促进了潼关高程的上升。袁峥等[13]分析了 1960~2011 年渭河下游河道泥沙淤积的变化趋势,认为该河段泥沙淤积的态势难以从根本上改变,如果遇到水少沙多的年份,情况可能会进一步恶化。

另一部分研究则专注于探求库区冲淤和诸多影响因素之间的定量关系。侯素珍等[14, 15]分析了 1960~2001 年汛后潼关高程的变化过程,认为连续的丰水年或连续的枯水年分别会导致潼关高程出现下降和上升趋势,而三门峡水库蓄清排浑运用以来,水库运用对潼关高程的影响主要表现在非汛期,根据实测资料拟合出了汛期潼关高程升降与汛期水流能量、古夺—潼关河段汛期冲刷量和非汛期淤积量之间的经验关系式,还利用 1974~2006 年的实测资料研究了黄河小北干流河道冲淤量对上游来水来沙的响应,并进行了回归分析，得出上游河段与龙门站来沙量的关系更为密切，而下游河段则与龙门站流量的关系更为密切。周建军和林秉南[16]基于对实测资料的分析，认为潼关高程由潼关以下的淤积量控制，而潼关以下的淤积量不仅与当年汛期平均坝前水位有关，还与之前两年的汛期平均坝前水位有很大关联，并给出了相应的表达式。吴保生等[17,18]提出了滞后响应的概念，认为当水库达不到年内冲淤平衡时，当年的河床边界条件必然对后来年份的泥沙冲淤产生滞后影响，因此在研究库区冲淤对外界条件的响应时，不仅应考虑当年水沙条件和坝前水位的影响，还应考虑之前若干年的来水来沙条件和水库运用方式，从这一观点出发，利用 1969～2001 年的相关资料，研究了该时段潼关高程对叠加入库水量、潼关以下河段淤积量和叠加水流能量的响应规律，得到了经验关系式。张金良等[19]对黄河小北干流"揭河底"现象的机制进行了探讨，推导出了洪水可能掀起的淤积物块体最大厚度的计算表达式，并利用历史资料对公式的准确性进行了验证。

"318"运用以来，关于该方案对三门峡库区冲淤的影响，相关学者也进行了专门的研究，然而对于当前水库运用方式的合理性及效益的评价，却存在着分歧。侯素珍等[20]分析了潼关以下河段淤积量和淤积部位的变化，认为"318"运用以来，非汛期最高运用水位的降低使得淤积重心下移，潼关河段基本回归到自然演变状态。段新奇等[21]基于2003～2005 年的实测资料，对"318"运用方案的效果进行了评估，认为在此条件下，潼关附近河段将不再受到水库回水的影响，且随着淤积末端的下移，非汛期由于水库运用淤积的泥沙可以完全通过汛期洪水排至库外。对此，也有一些学者持不同意见，吴保生和邓玥[22]认为，"318"运用虽然降低了非汛期最高运用水位，但水位高于 315m 的天数增加，平均水位升高，2003 年以来潼关高程的下降和库区泥沙淤积的减少主要与有利的来水来沙条件有关，该方案对减少库区泥沙淤积作用不大，其效果甚至可能还不如 2003 年之前的方案。杨光彬等[23]分析了 2003 年以来潼关高程的变化，发现 2012 年之前潼关高程保持下降趋势，从 2013 年开始，又不断升高，推断枯水年和水库平均运用水位偏高是导致这一现象出现的主要原因。林秀芝等[9]认为，2012 年之后库区的淤积主要与水库平均运用水位的不断升高有关，面对近期出现的不利水沙条件，应使坝前控制水位回归到之前的水平。焦恩泽等[8]一方面肯定了"318"运用减轻库区淤积的效益，另一方面也指出了当年11 月至次年 6 月坝前平均控制水位偏高的问题。王平等[24]分析了 2003～2005 年的相关实测资料后认为，"318"运用排沙效果显著，然而来水量也对库区冲淤有着很大的影响，应当根据水量丰枯的变化，对于不同年份灵活调整水库的运用方式。

此外，也有一些学者利用数学模型进行了相关研究，构建了小北干流数学模型，对小北干流河道冲淤进行了研究。梁国亭和张仁[25]对水流挟沙力、河床阻力、断面形态调整等关键问题的处理方法进行了专门研究，并在潼关以上库区建立了一维分组泥沙冲淤数学模型。岳德军[26]利用差分法，选择龙门站、河津站、朝邑站、华阴站作为上游边界，建立了一维恒定水沙数学模型。冯普林等[27]利用有限差分法，结合渭河下游水沙的运动特点，在该河段建立了一维洪水演进数学模型。彭一航[28]基于悬移质不平衡输沙理论，在潼关以下库区建立了一维水沙数学模型。陈前海等[29]采用普列斯曼（Preissmann）四点偏心差分格式对圣维南方程组进行离散，运用特征线方法计算含沙量，从而在潼关至三门峡河段建立了一维非恒定非均匀泥沙输移数学模型。Wang 等[30,31]以黄河干流禹门口至三门峡河段和渭河下游作为计算区域，建立了一维耦合水沙数学模型，该模型能够较好地模拟出高含沙洪水的传播过程，在验证过程中，较好地模拟了洪水期间黄河倒灌渭河的现象。邵文伟等[32]基于滞后响应理论，运用统计学方法，在黄河小北干流建立了专门计算河道冲淤量的滞后响应模型。邓安军等[33]利用反向传播（BP）神经网络算法，在黄河小北干流建立了能够预测汛期冲淤量的模型。练继建等[34]基于对影响潼关高程因素的研究，在汛期和非汛期采用不同的 BP 网络，建立了能够预测潼关高程的 BP 网络模型。张金良等[35]则在分析汛期三门峡水库泥沙冲淤影响因子的基础上，建立了能够预测三门峡水库泥沙冲淤量的模糊神经网络模型。

1.6.2 河网水沙数学模型研究进展

面对实际的工程需求，在对某一流域内的水沙动力过程进行模拟时，大多数情况下需要将其看作河网进行处理，单一河道的计算往往无法充分考虑流域中的诸多要素，其仿真效果不能满足相关要求[36]。流域内各个单一河段通过汊点衔接在一起，组成河网系统，每个汊点都至少连接着三条河道[37]。

de Saint-Venant[38]在 1871 年建立了圣维南方程组，为一维非恒定流问题的求解奠定了基础，采用什么样的方式对圣维南方程组进行数值求解，是河网水流数学模型研究的核心问题。对圣维南方程组进行差分时，有显式和隐式两种方法[39]。

Stoker[40]首次运用显式差分法对圣维南方程组进行离散，针对俄亥俄河的洪水进行了计算。总的来说，显式方法简单易用，但计算稳定性较差，更多学者选择采用隐式方法求解河网非恒定流[41]，而隐式方法又可以区分为直接解法和分级解法两种类型。

直接解法即直接联立求解河网方程组，除了内断面方程和外边界方程，河网方程组还包含汊点处的内边界方程。该方程组的系数矩阵为一不规则、不对称的大型矩阵，该方法的关键在于如何快速地求解该矩阵。此类方法中最有代表性的是由李岳生等[42]提出的稀疏矩阵解法，其只存储稀疏矩阵中的非零系数，大大降低了存储内存并提高了计算速度，因此被广泛使用。

Dronkers[43]于 1969 年首次提出了分级解法，该方法的基本思想是将求解过程分为河段与微段两级处理，先求汊点未知数，再单独求解各河段。以此为基础，相关学者又提出了许多改进解法，张二骏等[44]于 1982 年提出了三级联合解法，该方法在二级解法的基础上，将河段方程、汊点方程、边界方程中的水位、流量未知数消去其中一个，使二级联解的矩阵规模减小一半再进行求解，得到结果后回代，得到河段方程、汊点方程、边界方程中的水位、流量，再回代各河段，求出各河段中微段方程的水位、流量。吴寿红[45]在前人工作的基础上，进一步提出了四级联解方法，该方法进一步从三级联解方程组中分离出外边界方程和汊点方程，构成一个极小规模的方程组，求解出该方程组的水位、流量，再不断回代。李义天[46]提出了基于分级解法的汊点分组解法，该方法可在原有基础上进一步降低线性方程组的阶数。Naidu 等[47]提出了树形河网分组解法，该方法首先将河网分成尽可能小的组，再用一种较合理的方法求解分组后的河网，最后用打靶法将每组连接起来，从而求解出整个河网。Cunge[48]基于区域概化的思想，提出了单元划分法，姚琪等[49]将该方法和分级解法结合起来，建立了一种混合模型，其主要特点是在处理整个河网时，在片状水域使用单元划分法，对河道则采用分级解法进行求解[50]。

对于河网泥沙数学模型，需要解决直河段的悬沙输移和汊点分沙两个关键问题，目前针对直河段悬沙输移的研究，大部分考虑了泥沙的非均匀性，各种理论的区别主要在于分组挟沙力的计算方法有所不同[51]，在这方面，国内较为有名的几种模型分别由韩其为[52]、Han 和 He[53]、李义天[54]、杨国录等[55]、韦直林等[56]提出，国外模型中最常用的为 HEC-6 模型[57]。其中，韩其为模型[52, 53]采用计算总含沙量的方式，并假设悬移质水流挟沙力级配 p_{*i} 等于悬移质级配 p_i，且各组泥沙独自保持平衡而不相互影响，建立了可计算含沙量、悬移质与床沙级配变化规律的泥沙数学模型。李义天模型[54]是在平衡输沙状态下考虑单位床面上的泥沙等量交换来确定非均匀沙挟沙力，其特点是同时考虑了水流条件和床沙组成对挟沙力的影响。杨国录模型[55]除了考虑水流条件和床沙组成对挟沙力的影响，还着重考虑了推移质运动对挟沙力的影响，并由此建立了挟沙力级配与床沙级配的关系式。韦直林模型[56]中，水体中泥沙的来源主要有两个，即上游来沙和水流紊动引起的床沙扩散，因此水流挟沙力级配 p_{*i} 应与悬移质级配 p_i 和床沙级配 R_i 同时相关。HEC-6 模型[57]是以床沙级配 R_i 推求水流挟沙力级配 p_{*i} 的模型，先求解每一粒径组泥沙可能的水流挟沙力 $S_*\left(D_i\right)$，而实际的水流挟沙力级配 p_{*i} 则等于 $S_*\left(D_i\right)$ 与床沙级配 R_i 的乘积。

对于汊点分沙模式，相关学者也进行了大量研究，丁君松和丘凤莲[58]认为影响分沙的因素有很多，在充分考虑所有因素的基础上建立分沙模型比较困难，从各种因素导致的综合性后果出发，基于实测资料，建立了相应的分沙比计算公式。韩其为等[59]则用当量水深代替引水深，根据分流比的大小，结合流速、含沙量的纵向分布，计算分沙比的大小。此后，杨国录[60]、秦文凯等[61]在前人研究的基础上进一步考虑了横向环流的影响，完善了分沙比计算方法。余新明和谈广鸣[62]认为，河道冲淤会导致水位变化，进而影响分沙比的大小，在充分考虑了分流处附近的环流结构和含沙量沿垂线分布的特性后，建立了能够考虑这种影响的分沙比计算公式。

1.7　本书内容及技术路线

对前文的内容加以归纳，本书认为针对三门峡水库泥沙问题，当前有以下两点值得关注。

（1）近期水库运用方式对水沙条件的适应存在一定问题，面对枯水年，水库运用存在进一步优化的空间，如果不能及时确定更加优化的方案，库区冲淤有可能继续延续2012 年以来的变化趋势，潼关高程可能会进一步升高，而目前针对新形势利用数值模拟确定合理方案的研究较少。

（2）针对三门峡库区的水沙数学模型计算范围大多局限在某局部河段，缺乏对各河段进行联合求解的河网模型，对单一河道进行求解不利于充分考虑主支流水沙间的相互作用，因此有必要在库区建立河网模型。

本书在了解三门峡库区泥沙冲淤问题的基础上，建立黄河中游河网水沙数学模型，并利用该模型研究非汛期运用水位对库区冲淤的影响，具体工作内容如下。

（1）对三门峡库区泥沙淤积问题的历史和相关研究进行较为全面的回顾，对河网水沙数学模型的研究进展进行总结。

（2）基于 2006 年以来的实测资料，对近期三门峡库区的冲淤演变规律进行研究，分析上游各边界来沙及黄河干流床沙的级配特性，探究各河段冲淤及潼关高程的变化对水沙条件等因素的响应规律。

（3）以黄河干流禹门口—坝址、渭河华县—潼关、北洛河状头—华阴作为研究区域，在对模型中诸多关键问题的处理方法进行研究的基础上，建立河网水沙数学模型，并利用 2006～2014 年的实测资料对模型进行率定，用 2015～2016 年的实测资料对模型进行验证。

（4）利用河网水沙数学模型对水库不同非汛期运用方式下各河段的冲淤进行预测，研究不同方案对各河段冲淤的影响，对潼关以下库区非汛期冲淤分布的变化规律进行分析，为适应来水量减少趋势而进一步优化水库运用方式提供参考。

技术路线如图 1-1 所示。

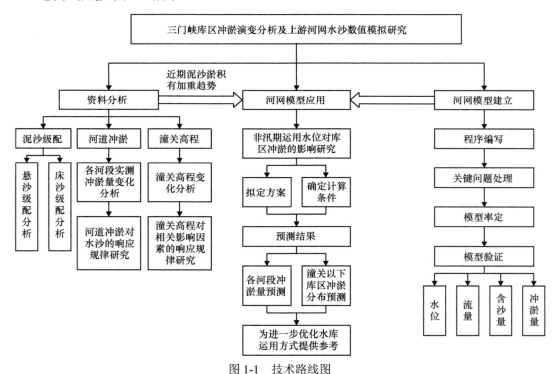

图 1-1　技术路线图

第2章　各入汇河流近期来水来沙条件及河床冲淤演变研究

本章针对近期流域内来水来沙条件进行分析，探究其特征及变化规律，研究主支流河道河床冲淤演变及潼关高程的变化情况，探究河床冲淤演变与来水来沙条件之间的定量关系。

2.1　来水来沙基本特征分析

2.1.1　水位、流量

针对流域的上游进口水文站龙门站、华县站、状头站 2007～2010 年实测水位、流量过程以及下游史家滩站 2007～2010 年实测水位过程进行分析。

（1）龙门站

从图 2-1 可以看出，龙门站年内水位、流量过程变化趋势相似，水位越高，流量越

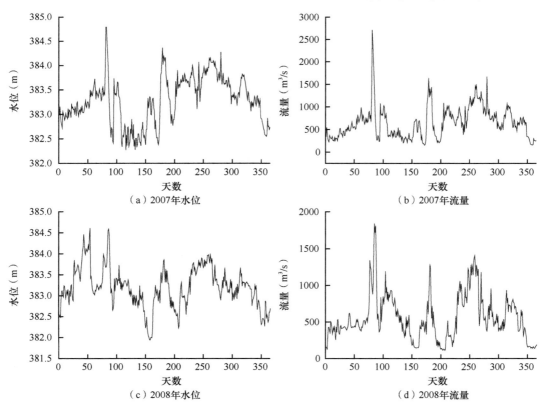

（a）2007年水位

（b）2007年流量

（c）2008年水位

（d）2008年流量

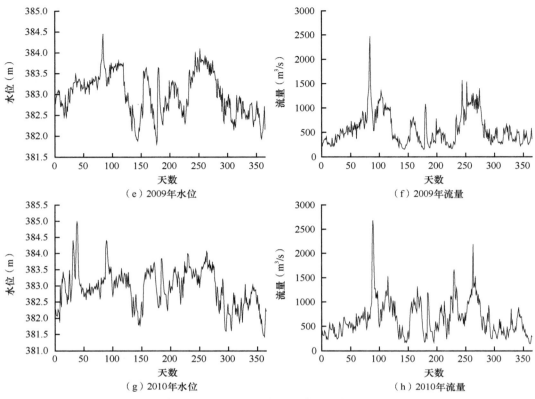

图 2-1 龙门站 2007～2010 年逐日实测水位、流量过程

大，且年际水位、流量变化趋势也相似，说明 2007～2010 年龙门站的来水过程比较稳定，相对没有较大的波动。4 年间龙门站水位波动范围为 381.43～384.98m，流量波动范围为 111～2710m³/s。汛期水位高、流量大、持续时间长，非汛期水位低、流量小。

（2）华县站

从图 2-2 可以看出，华县站年内水位、流量过程变化趋势相似，水位越高，流量越大，但年际水位、流量过程略有差异。4 年间华县站的水位波动范围为 334.3～346m，

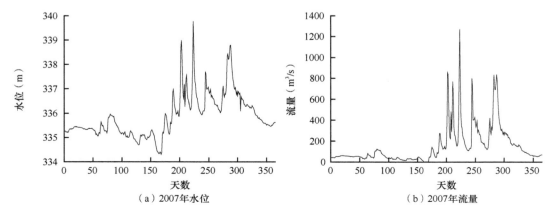

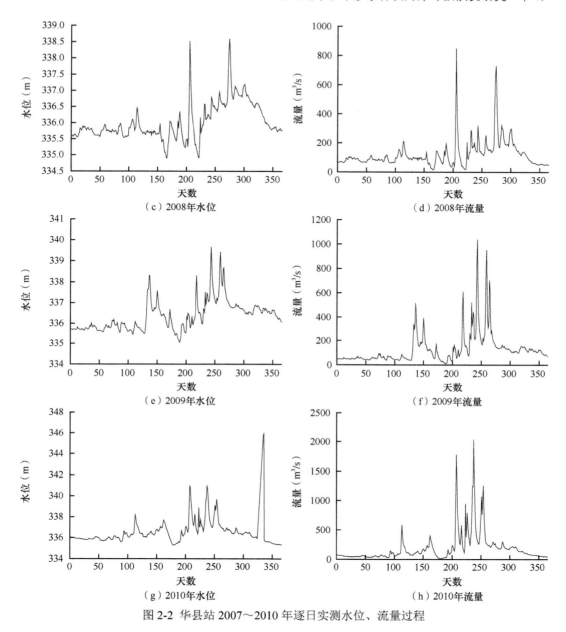

图 2-2　华县站 2007～2010 年逐日实测水位、流量过程

流量波动范围为 1.38～2040m³/s，其单日最大流量与龙门站单日最大流量相近。同时可以看出，华县站的最大水位、流量基本出现在 7～8 月，以汛期为主。

（3）状头站

从图 2-3 可以看出，状头站年内水位、流量过程变化趋势相似，但年际水位、流量过程变化趋势则略有差异，如 2007 年与 2010 年的水位过程。4 年间状头站水位波动范围为 361.21～364m，流量波动范围为 0.158～301m³/s，同时可以看出，状头站的最大水位、流量一般出现在 7～8 月，主要出现在汛期。

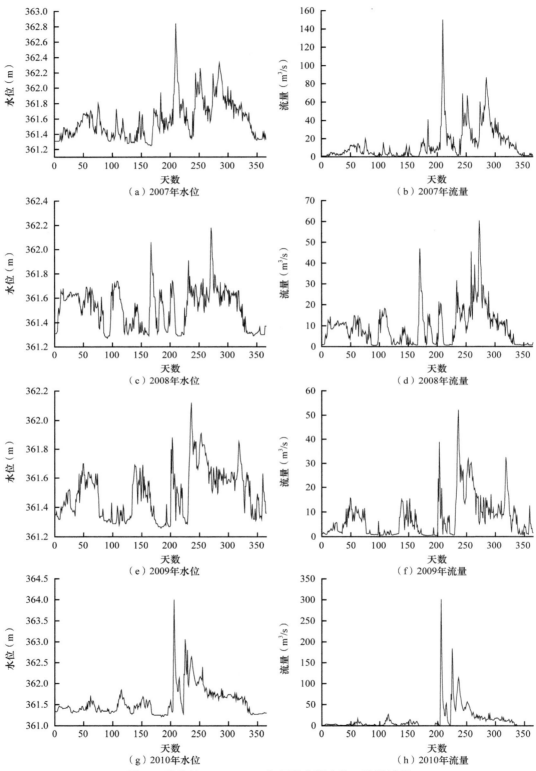

图 2-3 状头站 2007~2010 年逐日实测水位、流量过程

（4）史家滩站

史家滩站 2007～2010 年逐日实测水位过程如图 2-4 所示。可以看出，汛期三门峡库区采用开闸敞泄的运用方式，使史家滩站水位降到最低，最低水位可达到 288.91m，非汛期采用关闸蓄水的运用方式，最高水位可达到 317.99m。汛期、非汛期水位相差可达到 29.08m。

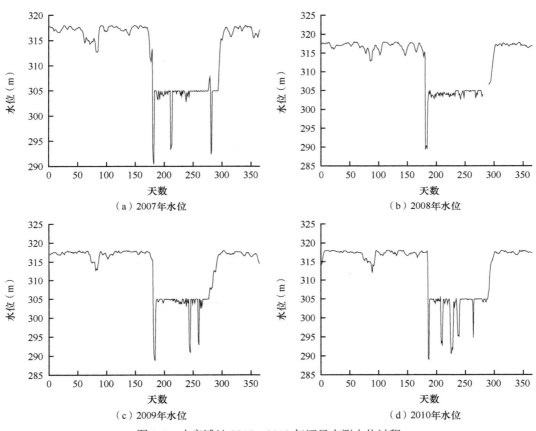

图 2-4　史家滩站 2007～2010 年逐日实测水位过程

2.1.2　含沙量

针对龙门站、华县站、状头站、史家滩站、潼关站近期的实测含沙量数据进行统计分析。

（1）龙门站

对龙门站 2006～2018 年逐日含沙量实测资料进行统计分析，含沙量统计见表 2-1，实测含沙量如图 2-5 所示。

表 2-1　龙门站 2006～2018 年含沙量统计　　　　　　（单位：kg/m³）

年份	最大含沙量	汛期平均含沙量	年平均含沙量
2006	96.53	15.45	6.53
2007	82.69	11.25	5.24
2008	38.01	2.79	2.55
2009	71.09	5.83	2.81
2010	73.97	4.59	2.24
2011	29.45	5.05	2.29
2012	106.12	8.01	3.10
2013	242.93	13.82	5.13
2014	25.27	2.99	1.32
2015	90.93	5.31	2.31
2016	105.15	10.99	4.28
2017	179.42	8.59	3.41
2018	130.54	14.26	6.53

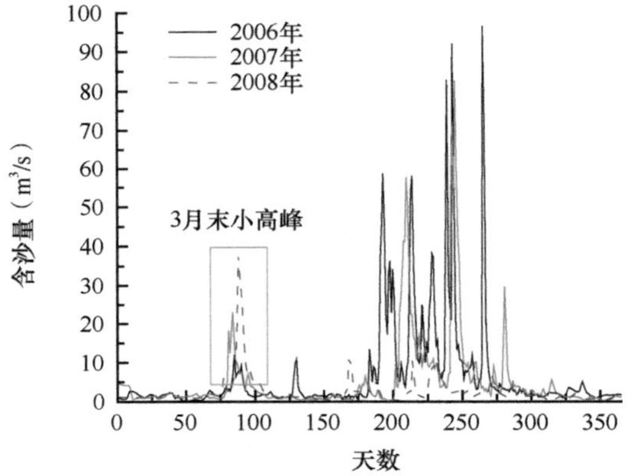

（a）2006～2008年

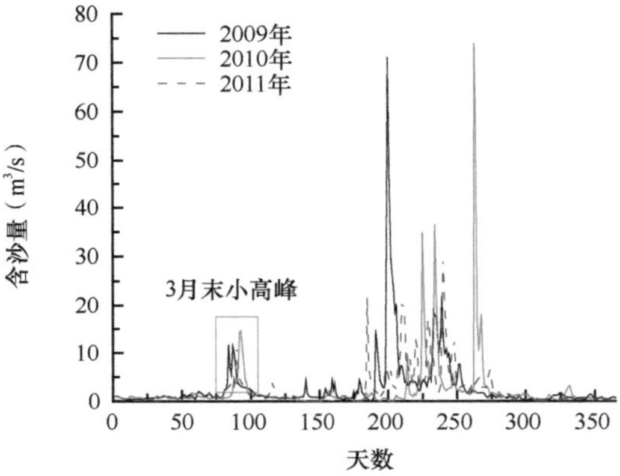

（b）2009～2011年

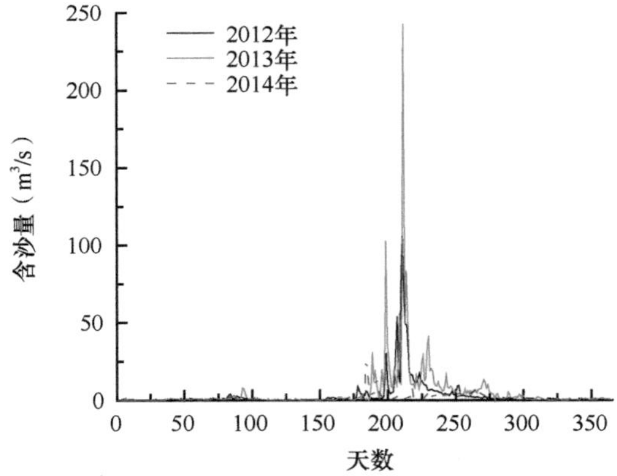

（c）2012～2014年

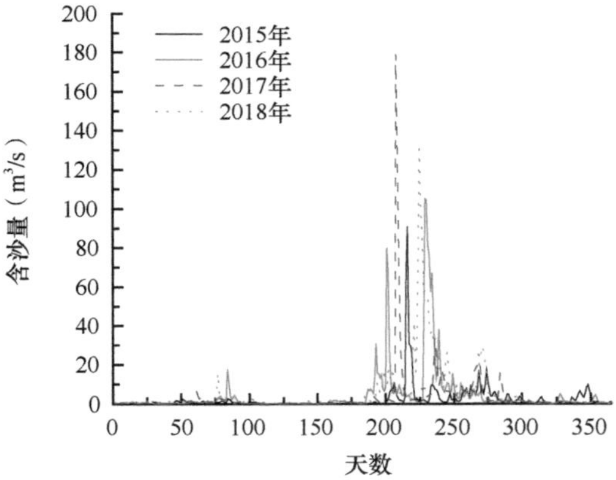

（d）2015～2018年

图 2-5　龙门站 2006～2018 年实测含沙量

可以看出，龙门站 2006～2018 年最大含沙量的最大值出现在 2013 年，为 242.93kg/m³，最小值出现在 2014 年，为 25.27kg/m³；汛期平均含沙量的最大值出现在 2006 年，为 15.45kg/m³，最小值出现在 2008 年，为 2.79kg/m³；年平均含沙量的最大值出现在 2006 年、2018 年，为 6.53kg/m³，最小值出现在 2014 年，为 1.32kg/m³。分析可知，最大含沙量、汛期平均含沙量、年平均含沙量的最大值与最小值出现的年份，并没有完全重合，但基本上汛期平均含沙量大的年份，年平均含沙量也大，这是因为非汛期的含沙量很小，基本可以忽略不计。此外，可以看出，2006～2018 年龙门站含沙量除了在汛期（7～10 月）比较大，在 3 月末也出现一个小高峰，这是黄河河段的桃汛期所形成。

（2）华县站

对华县站 2006～2018 年逐日含沙量实测资料进行统计分析，含沙量统计见表 2-2，实测含沙量如图 2-6 所示。

表 2-2　华县站 2006～2018 年含沙量统计　　　　　（单位：kg/m³）

年份	最大含沙量	汛期平均含沙量	年平均含沙量
2006	621.50	36.84	13.21
2007	142.00	17.78	6.35
2008	313.46	23.87	8.55
2009	244.92	18.43	6.88
2010	352.00	18.54	6.91
2011	32.70	4.47	2.33
2012	255.00	8.78	3.52
2013	214.00	16.68	6.59
2014	278.60	9.65	3.92
2015	266.35	7.07	3.27
2016	532.66	22.30	8.53
2017	160.34	14.35	6.14
2018	88.98	14.85	5.76

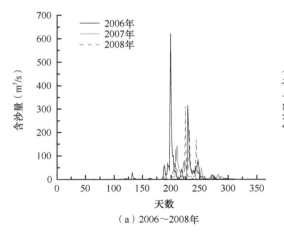

（a）2006～2008 年　　　　　　　　　　（b）2009～2011 年

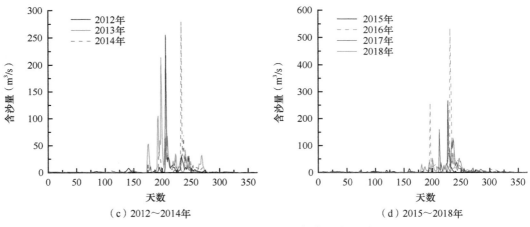

（c）2012～2014年   （d）2015～2018年

图 2-6 华县站 2006～2018 年实测含沙量

可以看出，华县站 2006～2018 年最大含沙量的最大值出现在 2006 年，为 621.50kg/m³，最小值出现在 2011 年，为 32.70kg/m³；汛期平均含沙量的最大值出现在 2006 年，为 36.84kg/m³，最小值出现在 2011 年，为 4.47kg/m³；年平均含沙量的最大值出现在 2006 年，为 13.21kg/m³，最小值出现在 2011 年，为 2.33kg/m³。最大含沙量、汛期平均含沙量、年平均含沙量的最大值与最小值出现的年份完全重合，说明对于华县站来说，当某年份年平均含沙量大时，汛期平均含沙量、最大含沙量也大。此外，还可以看出，2006～2018 年华县站含沙量除了在汛期（7～10 月）比较大，在 3 月末也出现一个小高峰，但其峰值相对较小，这与龙门站在 3 月末出现的小高峰一致，说明渭河下游也受到了黄河桃汛期的影响。

（3）状头站

对状头站 2006～2013 年逐日含沙量实测资料进行统计分析，含沙量统计见表 2-3，实测含沙量如图 2-7 所示。

表 2-3 状头站 2006～2013 年含沙量统计   （单位：kg/m³）

年份	最大含沙量	汛期平均含沙量	年平均含沙量
2006	79.08	8.16	3.21
2007	203.77	12.69	4.83
2008	38.49	2.84	1.05
2009	37.63	3.66	1.38
2010	297.97	10.71	3.70
2011	55.22	3.27	1.16
2012	54.59	5.39	1.86
2013	329.64	14.15	4.85

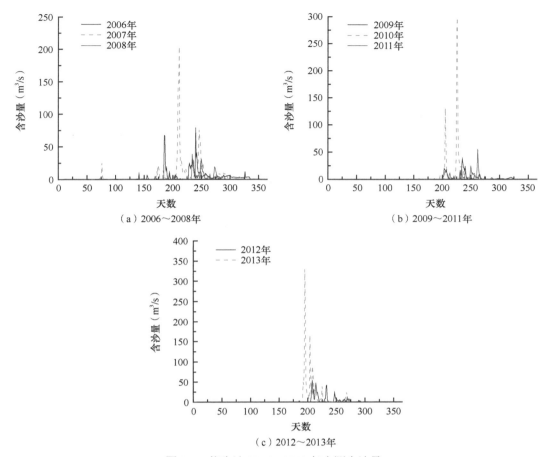

图 2-7　状头站 2006～2013 年实测含沙量

可以看出,状头站 2006～2013 年最大含沙量的最大值出现在 2013 年,为 329.64kg/m³,最小值出现在 2009 年,为 37.63kg/m³;汛期平均含沙量的最大值出现在 2013 年,为 14.15kg/m³,最小值出现在 2008 年,为 2.84kg/m³;年平均含沙量的最大值出现在 2013 年,为 4.85kg/m³,最小值出现在 2008 年,为 1.05kg/m³。汛期平均含沙量、年平均含沙量的最大值与最小值出现的年份完全重合,说明对于状头站来说,当某年份年平均含沙量大时,汛期平均含沙量也大,因为非汛期含沙量很小,可以忽略不计。

(4)史家滩站

对史家滩站 2006～2018 年逐日含沙量实测资料进行统计分析,含沙量统计见表 2-4,实测含沙量如图 2-8 所示。

表 2-4　史家滩站 2006～2018 年含沙量统计　　　　　（单位:kg/m³）

年份	最大含沙量	汛期平均含沙量	年平均含沙量
2006	197.92	15.32	5.78
2007	221.00	15.87	5.60
2008	169.00	9.48	3.43

年份	最大含沙量	汛期平均含沙量	年平均含沙量
2009	178.00	13.52	4.60
2010	249.00	17.72	6.03
2011	123.04	7.16	2.44
2012	105.77	11.54	3.91
2013	163.64	14.69	5.00
2014	174.28	6.25	2.12
2015	171.68	6.21	2.11
2016	183.33	9.06	3.07
2017	222.60	8.12	2.76
2018	152.44	20.19	6.90

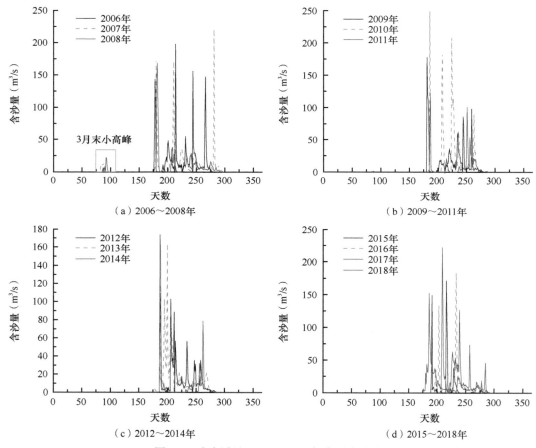

图 2-8　史家滩站 2006～2018 年实测含沙量

可以看出,史家滩站 2006～2018 年最大含沙量的最大值出现在 2010 年,为 249.00kg/m³,最小值出现在 2012 年,为 105.77kg/m³;汛期平均含沙量的最大值出现在 2018 年,为 20.19kg/m³,最小值出现在 2015 年,为 6.21kg/m³;年平均含沙量的最大值出现在 2018

年，为 6.90kg/m³，最小值出现在 2015 年，为 2.11kg/m³。可以看出，汛期平均含沙量、年平均含沙量的最大值与最小值出现的年份完全重合，说明对于史家滩站来说，当某年份年平均含沙量大时，汛期平均含沙量也大，因为非汛期含沙量很小，可以忽略不计。此外，史家滩站 2006～2008 年也出现了 3 月末的含沙量小高峰，但之后该峰值基本可以忽略不计。

（5）潼关站

对潼关站 2006～2018 年逐日含沙量实测资料进行统计分析，含沙量统计见表 2-5，实测含沙量如图 2-9 所示。

表 2-5　潼关站 2006～2018 年含沙量统计　　　　　　（单位：kg/m³）

年份	最大含沙量	汛期平均含沙量	年平均含沙量
2006	125.36	16.07	5.56
2007	60.80	12.63	3.43
2008	57.74	8.64	4.60
2009	78.05	8.41	6.03
2010	187.42	10.71	2.44
2011	1664.10	6.24	3.91
2012	429.28	10.52	5.00
2013	83.92	11.50	2.12
2014	9.20	3.52	2.11
2015	72.25	4.68	3.07
2016	73.77	8.29	2.76
2017	65.50	8.92	5.56
2018	62.30	12.74	3.43

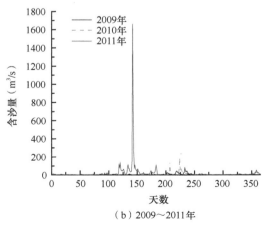

（a）2006～2008年　　　　　　　　　　（b）2009～2011年

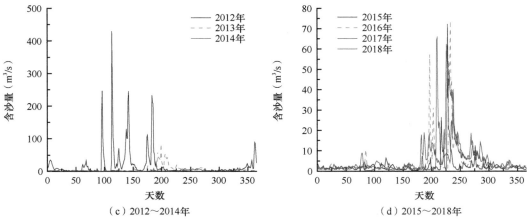

（c）2012～2014年　　　　　　　　（d）2015～2018年

图 2-9　潼关站 2006～2018 年实测含沙量

可以看出，潼关站2006～2018年最大含沙量的最大值出现在2011年，达到1164.60kg/m³，最小值出现在 2014 年，仅为 9.20kg/m³；汛期平均含沙量的最大值出现在 2006 年，为 16.07kg/m³，最小值出现在 2014 年，为 3.52kg/m³；年平均含沙量的最大值出现在 2009 年，为 6.03kg/m³，最小值出现在 2014 年，为 2.11kg/m³。

2.1.3　来水来沙量

各测站的来水来沙资料统计依据时间划分的不同，可分为水文年和运用年。水文年是指从一年中的汛期开始算起，至下一年的汛期前结束，概括为汛期+非汛期；运用年是指从一年中的非汛期开始算起，至下一年的非汛期前结束，概括为非汛期+汛期[38]。本小节选取运用年作为来水来沙年份的划分方式，以下具体分析各个测站的来水来沙特性。

（1）龙门站

依据龙门站 2006～2017 年实测来水来沙资料，分析来水来沙量特征，见图 2-10。

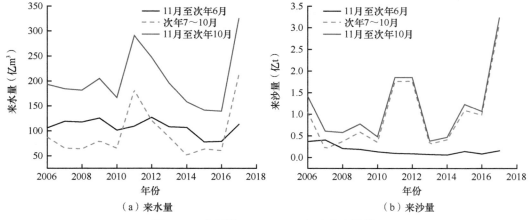

（a）来水量　　　　　　　　　　　（b）来沙量

图 2-10　龙门站 2006～2017 年来水来沙量

　　分析图 2-10（a），龙门站 2006～2017 年来水量处于不断波动的状态，且近几年来水量有所增大。最大来水量出现在 2017 年，为 325.29 亿 m³，最小来水量出现在 2016 年，为 139.5m³。还可以看出，龙门站汛期来水量比非汛期来水量小一些，这与一般汛期水量大于非汛期水量的规律所不同，表明龙门站来水量在全年的分布比较均匀。

　　分析图 2-10（b），龙门站 2006～2017 年来沙量整体上也处于不断波动的状态，并无明显的规律。最大来沙量出现在 2017 年，为 3.234 亿 t，最小来沙量出现在 2013 年，为 0.381 亿 t。此外，汛期来沙量整体上远远大于非汛期来沙量。

　　龙门站 2006～2017 年累计来水来沙量如图 2-11 所示。从图 2-11（a）可以看出，龙门站累计来水量呈现近似的线性增加趋势，表明近几年中每一年的来水量近似相同，而图 2-11（b）整体上没有近似的线性特性，只能是分段线性，每段线性斜率不同，斜率越大，表明该年来沙量越大。

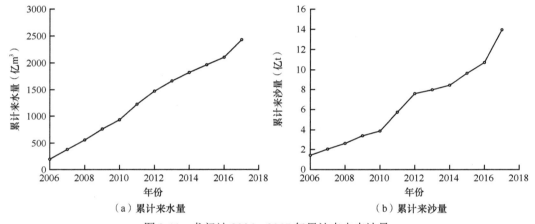

图 2-11　龙门站 2006～2017 年累计来水来沙量

　　来沙系数 ξ 的定义为 $\xi=S/Q$，其中 S 为含沙量，Q 为流量。来沙系数是代表河道来水来沙协调性的重要参数，其大小和变化情况可以反映泥沙输移及河道冲淤的变化情况[39]。根据吴保生等[17]对来沙系数的研究，来沙系数可以作为河道冲淤平衡的判别指标：当 $\xi>0.015\mathrm{kg\cdot s/m^6}$ 时，河道发生淤积，当 $\xi<0.01\mathrm{kg\cdot s/m^6}$ 时，则发生冲刷，当 ξ 介于二者之间时，近似不冲不淤。依据实测资料对龙门站 2006～2017 年来沙系数进行计算整理，见表 2-6 和图 2-12，分析龙门站 2006～2017 年来沙系数的变化规律。可以看出，龙门站 2006～2017 年来沙系数基本上小于 $0.01\mathrm{kg\cdot s/m^6}$，说明该断面近几年以冲刷为主。

表 2-6　龙门站 2006～2017 年来沙系数

年份	平均流量（m³/s）	平均含沙量（kg/m³）	来沙系数（kg·s/m⁶）
2006	633.00	6.53	0.0103
2007	640.00	5.24	0.0082
2008	552.53	2.55	0.0046
2009	554.82	2.81	0.0051
2010	645.02	2.24	0.0035
2011	527.09	2.29	0.0043

年份	平均流量（m³/s）	平均含沙量（kg/m³）	来沙系数（kg·s/m⁶）
2012	919.97	3.10	0.0034
2013	757.09	5.13	0.0068
2014	619.30	1.32	0.0021
2015	493.13	2.31	0.0047
2016	441.33	4.28	0.0097
2017	465.28	3.41	0.0073

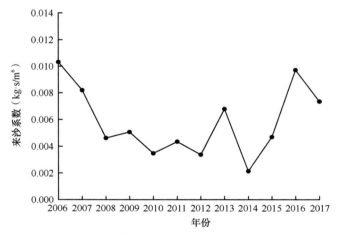

图 2-12　龙门站 2006～2017 年来沙系数

（2）华县站

对华县站 1970～2016 年实测来水来沙资料进行整理统计，分析来水来沙量特征，如图 2-13 所示。

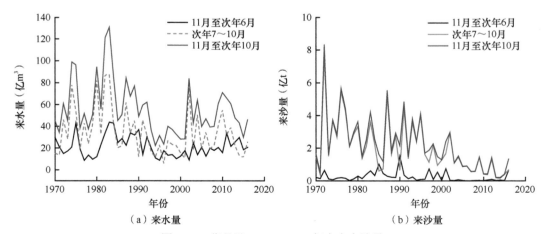

（a）来水量　　　　　　　　（b）来沙量

图 2-13　华县站 1970～2016 年来水来沙量

分析图 2-13（a），华县站来水量在 1970～2016 年处于不断波动的状态，并且整体上呈现下降趋势。其中，最大来水量出现在 1983 年，为 131.16 亿 m³，最小来水量出现在 1994 年，为 22.36 亿 m³。汛期来水量的减少占总水量减少的大部分，而非汛期水量波动幅度不大。

分析图 2-13（b），华县站来沙量在 1970～2016 年也处于不断波动的状态，并且整体上也呈现下降趋势。其中，最大来沙量出现在 1972 年，为 8.341 亿 t，最小来沙量出现在 2014 年，为 0.218 亿 t。与汛期来水量减少的情况相同，总体上来沙量的减少也是由汛期来沙量的大幅度减少所致，而非汛期的来沙量波动并不明显。

选取上游库容较大的龙羊峡水库投入运营的时间（1986 年），将实测资料按年份划分为两个时段：1970～1986 年和 1987～2016 年。表 2-7 列出了华县站不同时段的来水来沙量统计。

表 2-7　华县站不同时段的来水来沙量统计

时段	来水量（亿 m³）			汛期来水量占全年的百分比（%）	来沙量（亿 t）			汛期来沙量占全年的百分比（%）
	非汛期	汛期	全年		非汛期	汛期	全年	
1970～1986 年	23.66	44.68	68.34	65.379	0.291	2.829	3.120	90.673
1987～2016 年	20.28	28.63	48.91	58.536	0.210	1.611	1.821	88.468
1970～2016 年	21.43	34.10	55.52	61.419	0.238	2.035	2.273	89.529

分析表 2-7，1970～1986 年华县站年平均来水量为 68.34 亿 m³，年平均来沙量为 3.120 亿 t；1987～2016 年华县站年平均来水量为 48.91 亿 m³，年平均来沙量为 1.821 亿 t，较 1970～1986 年分别减少 28.43% 和 41.63%，来沙量的减少幅度要远大于来水量的减少幅度。还可以看出，来水来沙量的减少主要发生在汛期，而非汛期的来水来沙量变化很小，可以忽略不计。

华县站 1970～2016 年累计来水来沙量见图 2-14，以龙羊峡水库投入运营的时间将其分为两个时段，可以看出，每个时段的累计来水量和累计来沙量都随时间呈现近似线性的变化趋势，并且不同时段的斜率有所减小，表明来水来沙量具有不断减小的趋势。

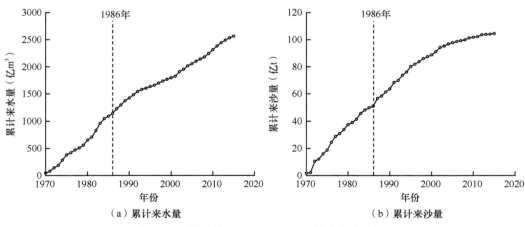

图 2-14　华县站 1970～2016 年累计来水来沙量

华县站 2006～2018 年来沙系数见表 2-8 和图 2-15。可以看出，华县站 2006～2018

大部分的来沙系数大于 0.015kg·s/m^6，仅 2011 年来沙系数较小，为 0.009kg·s/m^6，这说明华县站断面近年来以淤积为主。

表 2-8　华县站 2006～2018 年来沙系数

年份	平均流量（m^3/s）	平均含沙量（kg/m^3）	来沙系数（kg·s/m^6）
2006	120.18	13.21	0.110
2007	152.44	6.35	0.042
2008	120.29	8.55	0.071
2009	130.76	6.88	0.053
2010	190.65	6.91	0.036
2011	254.26	2.33	0.009
2012	179.00	3.52	0.020
2013	198.03	6.59	0.033
2014	150.19	3.92	0.026
2015	138.31	3.27	0.024
2016	89.06	8.53	0.096
2017	151.91	6.14	0.040
2018	219.10	5.76	0.026

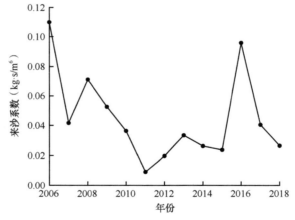

图 2-15　华县站 2006～2018 年来沙系数

（3）状头站

对状头站 1950～2014 年实测来水来沙资料进行整理统计，分析来水来沙量特征，如图 2-16 所示。

分析图 2-16（a），状头站 1950～2014 年来水量处于不断波动的状态，整体上呈现下降趋势。其中，最大来水量出现在 1963 年，为 18.11 亿 m^3，最小来水量出现在 2014 年，为 2.24 亿 m^3。汛期来水量的减少占总来水量减少的大部分，而非汛期来水量波动幅度不大。

分析图 2-16（b），状头站 1950～2014 年来沙量也处于不断波动的状态，整体上也

呈现下降趋势。其中，最大来沙量出现在 1993 年，为 2.631 亿 t，最小来沙量出现在 1950
年、1951 年、1954 年、2013 年、2014 年，没有来沙。与汛期来水量减少的情况相同，
总体上来沙量的减少也是由汛期来沙量的大幅度减少所致，而非汛期的来沙量波动并不
明显。

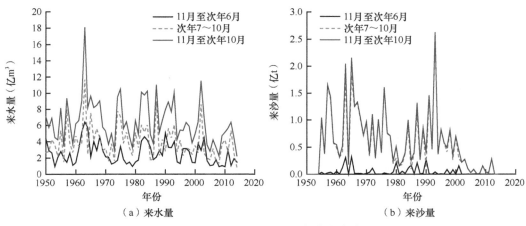

图 2-16　状头站 1950～2014 年来水来沙量

以上游水库刘家峡水库、龙羊峡水库投入运营时间（1968 年、1986 年）将状头站
历年来水来水资料划分为三个时段：1950～1968 年、1969～1986 年和 1987～2014 年。
分别统计不同时段的来水来沙量，如表 2-9 所示。

表 2-9　状头站不同时段来水来沙量统计

时段	来水量（亿 m³）			汛期来水量占全年的百分比（%）	来沙量（亿 t）			汛期来沙量占全年的百分比（%）
	非汛期	汛期	全年		非汛期	汛期	全年	
1950～1968 年	2.99	4.45	7.44	59.812	0.052	0.695	0.747	93.039
1969～1986 年	2.46	4.11	6.57	62.557	0.045	0.609	0.654	93.119
1987～2014 年	2.29	3.47	5.76	60.243	0.031	0.438	0.469	93.390
1950～2014 年	2.53	3.92	6.45	60.775	0.041	0.557	0.597	93.300

分析表 2-9，1950～1968 年状头站年平均来水量为 7.44 亿 m³，年平均来沙量为 0.747
亿 t；1969～1986 年状头站年平均来水量为 6.57 亿 m³，年平均来沙量为 0.654 亿 t，较
1950～1968 年分别减少 11.69% 和 12.45%；1987～2014 年状头站年平均来水量为 5.76
亿 m³，年平均来沙量为 0.469 亿 t，较 1950～1968 年分别减少 22.58% 和 37.22%，为典
型的枯水少沙系列。还可以看出，来水来沙量的减少主要发生在汛期，非汛期的减少相
对不多，并且汛期来水来沙量占全年的百分比并没有明显的波动，仍旧是汛期占据着全
年绝大部分的来水来沙量。

状头站 1950～2014 年累计来水来沙量如图 2-17 所示，仍以 1968 年、1986 作为分
界线，划分为三个时段。可以看出，状头站累计来水量在不同时段呈现近似线性的变化
趋势，并且斜率相对减小，但减小幅度不大，说明来水量虽然减少，但减少的幅度并不
明显；状头站累计来沙量在不同时段也呈现近似线性的变化趋势，并且不同时段的斜率

不断减小，尤其是第三时段的斜率比第一时段的斜率小很多，这说明 1987 年以来来沙量的减小幅度在不断增大。

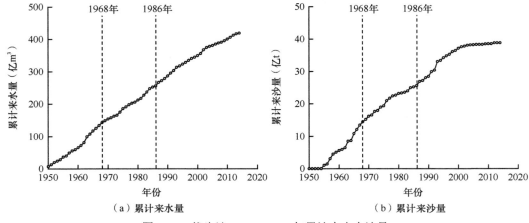

图 2-17　状头站 1950～2014 年累计来水来沙量

状头站 2006～2013 年的来沙系数见表 2-10 和图 2-18。可以看出，状头站 2006～2013年的来沙系数大多很大，远远超过 0.015kg·s/m⁶，这说明在该时段状头站断面以淤积为主。

表 2-10　状头站 2006～2013 年来沙系数

年份	平均流量（m³/s）	平均含沙量（kg/m³）	来沙系数（kg·s/m⁶）
2006	9.00	3.21	0.357
2007	14.01	4.83	0.345
2008	9.37	1.05	0.112
2009	7.75	1.38	0.178
2010	14.70	3.70	0.252
2011	20.56	1.16	0.056
2012	13.78	1.86	0.135
2013	19.67	4.85	0.247

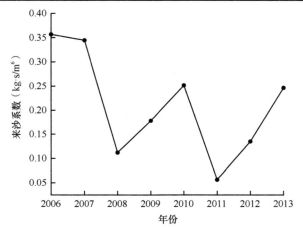

图 2-18　状头站 2006～2013 年来沙系数

（4）潼关站

依据潼关站 2006～2017 年实测来水来沙资料，分析来水来沙量特征，见图 2-19。

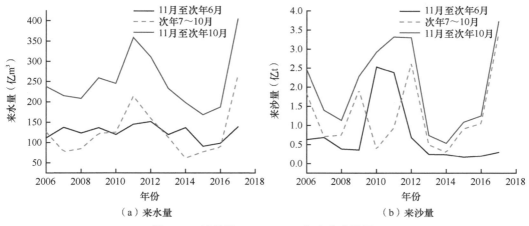

图 2-19　潼关站 2006～2017 年来水来沙量

分析图 2-19（a），潼关站 2006～2017 年来水量处于不断波动的状态，并无明显规律可循。最大来水量出现在 2017 年，为 404.37 亿 m^3，最小来水量出现在 2015 年，为 168.65m^3。还可以看出，潼关站汛期来水量比非汛期来水量要稍小，基本上处于持平状态。这与龙门站的来水规律一致，说明黄河小北干流河段的来水量在全年的分布比较均匀。

分析图 2-19（b），潼关站 2006～2017 年来沙量也处于不断波动的状态，并无明显的规律可言。最大来沙量出现在 2017 年，为 3.722 亿 t，最小来沙量出现在 2014 年，为 0.536 亿 t。其中，汛期来沙量一般大于非汛期来沙量，这与龙门站的来沙规律相同。

潼关站 2006～2017 年累计来水来沙量如图 2-20 所示。从图 2-20（a）可以看出，累计来水量整体上呈现近似线性的变化趋势，表明近年来潼关站每年的来水量大致相同。从图 2-20（b）可以看出，累计来沙量整体上并非线性，每年的来沙量并无明显规律可循。

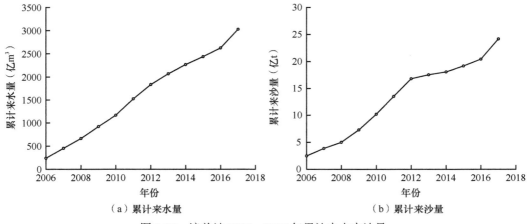

图 2-20　潼关站 2006～2017 年累计来水来沙量

潼关站2007~2017年来沙系数见表2-11和图2-21。可以看出，潼关站年平均来沙系数都很小，远小于0.01kg·s/m^6，表明潼关站断面近年来以冲刷为主。

表2-11　潼关站2007~2017年来沙系数

年份	平均流量（m³/s）	平均含沙量（kg/m³）	来沙系数（kg·s/m⁶）
2007	1033.73	5.56	0.0054
2008	864.98	3.43	0.0040
2009	810.97	4.60	0.0057
2010	1162.88	6.03	0.0052
2011	1323.41	2.44	0.0018
2012	1612.15	3.91	0.0024
2013	1413.75	5.00	0.0035
2014	971.87	2.12	0.0022
2015	686.42	2.11	0.0031
2016	627.04	3.07	0.0049
2017	764.29	2.76	0.0036

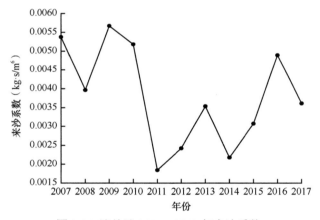

图2-21　潼关站2007~2017年来沙系数

（5）三门峡站

对三门峡站1959~2016年实测来水来沙资料进行整理统计，分析来水来沙量特征，如图2-22所示。

分析图2-22（a），三门峡站1959~2016年来水量处于不断波动的状态，并且整体上呈现下降的趋势。最大来水量出现在1963年，为673.36亿m³，最小来水量出现在2000年，为158.02亿m³。其中，汛期来水量的减少占总来水量减少的绝大部分，即库区汛期来水量在不断减少，而非汛期来水量波动幅度不大，进而使整体来水量减少。汛期来水量由远大于非汛期来水量，到基本与非汛期来水量持平，甚至会小于非汛期来水量，说明三门峡库区的运用方式使得库区全年来水量趋于均匀分布。

分析图 2-22（b），三门峡站 1959～2016 年来沙量也处于不断波动的状态，并且整体上呈现下降的趋势。最大来沙量出现在 1963 年，为 24.244 亿 t，最小来沙量出现在 2014 年，为 0.536 亿 t。与汛期来水量减少的情况相同，总体来沙量的减少也是由汛期来沙量的大幅度减少所致，而非汛期的来沙量波动并不明显。

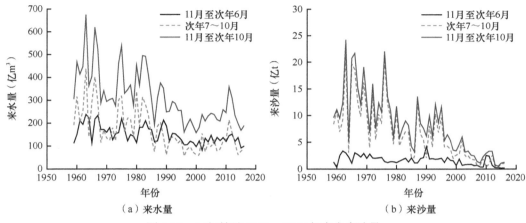

图 2-22　三门峡站 1959～2016 年来水来沙量

（a）来水量　　　　　　　　　（b）来沙量

选取上游库容较大的刘家峡水库、龙羊峡水库投入运营的时间（1968 年和 1986 年），将实测资料按年份划分为三个时段：1959～1968 年、1969～1986 年和 1987～2016 年。表 2-12 列出了三门峡站不同时段来水来沙量统计。

表 2-12　三门峡站不同时段的来水来沙量统计

时段	来水量（亿 m³）			汛期来水量占全年的百分比（%）	来沙量（亿 t）			汛期来沙量占全年的百分比（%）
	非汛期	汛期	全年		非汛期	汛期	全年	
1959～1968 年	188.29	280.54	468.83	59.84	2.16	12.27	14.43	85.03
1969～1986 年	164.53	204.82	369.35	55.45	1.85	9.06	10.91	83.04
1987～2016 年	129.86	110.81	240.67	46.04	1.32	3.57	4.89	73.01
1959～2016 年	149.68	166.32	316.01	52.63	1.61	6.62	8.23	80.44

分析表 2-12，1959～1968 年三门峡站年平均来水量为 468.83 亿 m³，年平均来沙量为 14.43 亿 t；1969～1986 年三门峡站年平均来水量为 369.35 亿 m³，年平均来沙量为 10.91 亿 t，较 1959～1968 年分别减少 21.22%和 24.39%；1987～2016 年三门峡站年平均来水量为 240.67 亿 m³，年平均来沙量为 4.89 亿 t，较 1959～1968 年分别减少 48.67%和 66.11%，为典型的枯水少沙系列。还可以看出，来水来沙量的减少主要发生在汛期，非汛期的减少相对不多。1959～1968 年汛期来水量为 280.54 亿 m³，汛期来沙量为 12.27亿 t，1969～1986 年汛期来水量为 204.82 亿 m³，汛期来沙量为 9.06 亿 t，较 1959～1968年分别减少 26.99%和 26.16%；1987～2016 年汛期来水量为 110.81 亿 m³，汛期来沙量为 3.57 亿 t，较 1959～1968 年分别减少 60.50%和 70.90%。非汛期的来水来沙量也发生了一定程度的减少，但与汛期相比可以忽略不计。

三门峡站 1960～2016 年累计来水来沙量如图 2-23 所示。仍以刘家峡水库、龙羊峡水库投入运营的时间（1968 年和 1986 年）划分为 3 个时段。可以看出，每个时段的累计来水量和累计来沙量都随时间呈现近似线性的变化趋势，并且不同时段的斜率依次减小，表明来水来沙量不断减小。

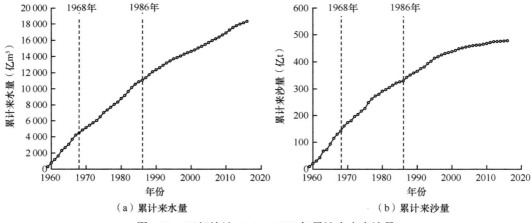

（a）累计来水量　　　　　　　　　　（b）累计来沙量

图 2-23　三门峡站 1960～2016 年累计来水来沙量

三门峡站 2006～2017 年来沙系数见表 2-13 和图 2-24。可以看出，三门峡站的来沙系数比较小，基本上以冲刷为主。但这并不代表三门峡库区是以冲刷为主，来沙系数仅代表了该断面的冲淤状态，对于整体的库区来说，具体是冲刷还是淤积需要采用断面法进行计算。总的来看，三门峡库区历年的来水来沙量总体上呈现不断减少的趋势，来水来沙量的减少主要发生在汛期，并且来沙量的减少幅度要大于来水量的减少幅度。

表 2-13　三门峡站 2006～2017 年来沙系数

年份	平均流量（m³/s）	平均含沙量（kg/m³）	来沙系数（kg·s/m⁶）
2006	762.18	5.78	0.0076
2007	806.45	5.60	0.0069
2008	682.19	3.43	0.0050
2009	693.33	4.60	0.0066
2010	850.37	6.03	0.0071
2011	801.91	2.44	0.0030
2012	1112.75	3.91	0.0035
2013	974.79	5.00	0.0051
2014	789.16	2.12	0.0027
2015	651.11	2.11	0.0032
2016	550.06	3.07	0.0056
2017	636.86	2.76	0.0043

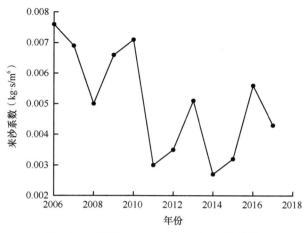

图 2-24　三门峡站 2006～2017 年来沙系数

2.2　泥沙颗粒级配分析

2.2.1　上游进口水文站悬移质级配分析

根据龙门站、状头站、华县站的悬移质级配统计数据，绘制各站历年悬移质级配曲线，并计算出中值粒径和平均粒径，分析相应的变化趋势。

从图 2-25 可以看出，龙门站 2006～2015 年来沙级配总体上比较稳定，泥沙粒径大多分布在 0.1mm 以下，超过 0.25mm 的泥沙含量非常低，最大的泥沙颗粒直径不超过1mm。泥沙颗粒没有明显的粗化或细化趋势，级配在一定范围内上下波动。

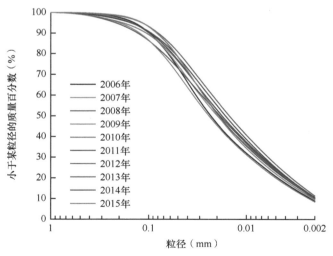

图 2-25　龙门站 2006～2015 年悬移质级配曲线

结合图 2-26 可以看出，龙门站 2006～2015 年悬移质中值粒径在大部分年份稳定在略小于 0.020mm 的水平，而平均粒径的波动程度则比较大。中值粒径在 2009 年达到最大值 0.025mm，平均粒径也在同一年达到最大值 0.049mm。从图 2-25 也可以看出，2009 年龙门站来沙中颗粒较细的泥沙占比最少，可见 2009 年是上游来沙粗化最为明显的一年。中值粒径在 2012 年达到最小值 0.015mm，级配曲线也显示出该年份是泥沙组成最细的一年。

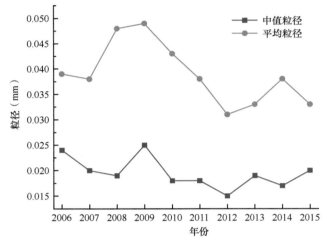

图 2-26 龙门站 2006～2015 年悬移质中值粒径和平均粒径的变化曲线

从图 2-27 可以看出，状头站 2009～2015 年悬移质级配年际变化非常明显，起伏波动大，泥沙颗粒在 2009～2011 年持续粗化，于 2011 年达到最粗，之后几年，泥沙颗粒明显变细，粒径在 0.002mm 以下的泥沙占比达到了 40%上下。总体来看，状头站来沙颗粒较细，粒径大多不超过 0.03mm，很少有直径在 0.1mm 以上的颗粒。

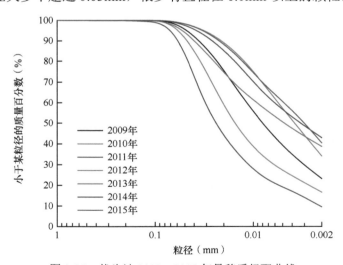

图 2-27 状头站 2009～2015 年悬移质级配曲线

从图 2-28 可以看出，状头站 2009～2015 年悬移质中值粒径和平均粒径起伏波动较大，并且同一年份两者间的差值较小，这也体现出状头站泥沙粒径组成较为集中，大颗粒很少的特点。总的来说，上游来沙组成在 2011 年之前呈现明显的粗化趋势，中值粒径于 2011 年达到峰值 0.028mm，之后便呈现下降趋势。

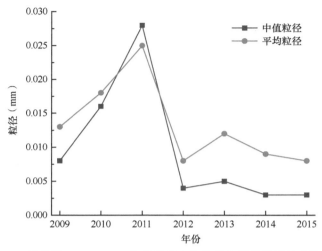

图 2-28　状头站 2009~2015 年悬移质中值粒径和平均粒径的变化曲线

从图 2-29 可以看出，华县站 2006~2015 年悬移质级配组成较为稳定，除 2009 年泥沙颗粒相对较粗以外，其余年份泥沙组成变化不大，大部分泥沙粒径分布在 0.002~0.1mm，最大粒径不超过 0.5mm，直径在 0.002mm 以下的极细沙占比超过了 10%。

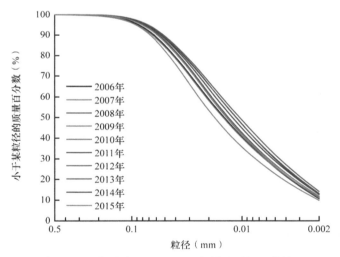

图 2-29　华县站 2006~2015 年悬移质级配曲线

从图 2-30 可以看出，华县站 2006~2015 年悬移质中值粒径和平均粒径差值虽然较大，但变化趋势一致，2009 年之前中值粒径稳定在 0.015mm 左右，2009 年有一个较大的增长，达到了最大值 0.019mm，之后的 3 年里，华县站来沙逐渐变细，中值粒径一度达到了最小值 0.011mm。2013 年以后，泥沙颗粒又有一定程度的变粗趋势。

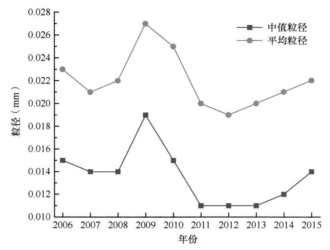

图 2-30　华县站 2006~2015 年悬移质中值粒径和平均粒径的变化曲线

2.2.2　黄河干流淤积物颗粒级配分析

　　从黄河上游至下游依次选取黄淤 63（罗池）、黄淤 57（潘西村）、黄淤 51（吕村）、黄淤 45（独头）、黄淤 41（潼关）、黄淤 36（古夺）、黄淤 22（北村）、黄淤 12（上村）、黄淤 2（史家滩）9 个典型断面对淤积物颗粒级配进行分析。根据汛前实测淤积物级配资料，绘制各典型断面 2009~2016 年汛前淤积物级配曲线，如图 2-31 所示，绘制各典型断面 2009~2016 年汛前淤积物中值粒径的变化曲线，如图 2-32 所示。

　　从图 2-31 可以看出，各典型断面 2009~2016 年汛前淤积物中的泥沙颗粒总体上都呈现出从上游至下游变细的趋势，特别是从黄淤 22 开始，泥沙颗粒明显变细，这表明粒径较大的泥沙相比粒径较小的泥沙更容易落淤，因此到下游时细颗粒泥沙的比重明显上升。还可以看出，禹门口至三门峡河段各典型断面淤积物级配差异明显，变化幅度非常大，潼关以上，粒径小于 0.01mm 的泥沙颗粒非常少，粒径大都分布在 0.1mm 以上，而潼关以下，从黄淤 22 往后，泥沙粒径大部分不超过 0.1mm，而粒径在 0.002mm 以下的

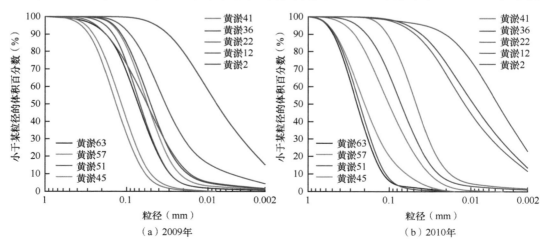

（a）2009年　　　　　　　　　　　　　（b）2010年

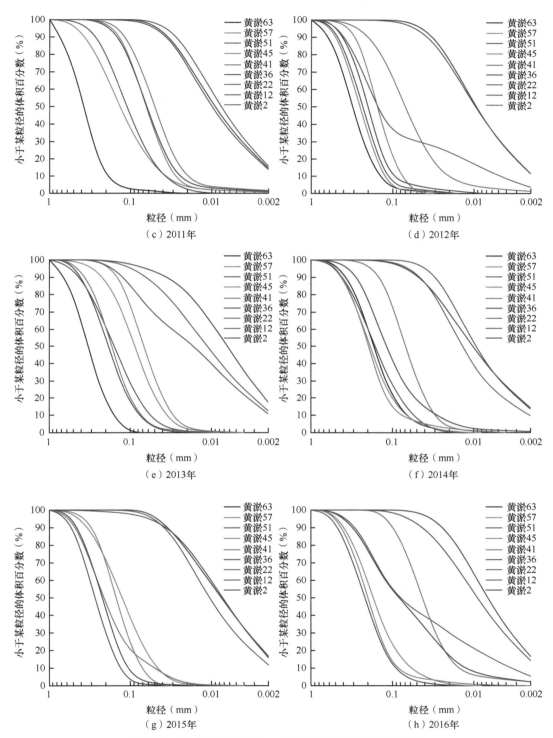

图 2-31　各典型断面 2009～2016 年汛前淤积物级配曲线

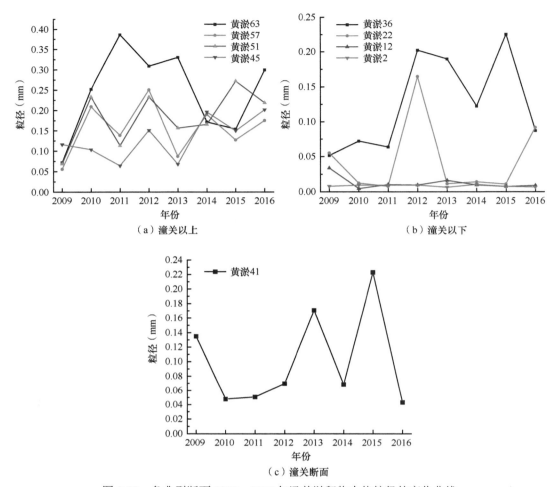

图 2-32　各典型断面 2009～2016 年汛前淤积物中值粒径的变化曲线

极细沙占比常常超过 10%。淤积物级配随年份的变化没有明显的规律，总体上呈现出上下波动的态势。

　　分析图 2-32，中值粒径总体上呈现沿程减小的规律。潼关以上断面，中值粒径都在 0.05mm 以上，其中，黄淤 63（罗池）断面最靠近禹门口，颗粒最粗，中值粒径在 2011 年达到了最大值 0.386mm。潼关以下断面，黄淤 36（古夺）断面的粒径整体较大，而到了接近坝址的黄淤 12（上村）、黄淤 2（史家滩）断面，中值粒径基本稳定在 0.01mm 左右，泥沙颗粒要远远比其他断面细。潼关断面的中值粒径则处于上下不断变化中，在 2015 年达到了最大值 0.223mm，8 年的平均中值粒径为 0.101mm。

2.3　河床冲淤演变分析

2.3.1　各河段历年实测冲淤情况分析

　　表 2-14 列出了黄河禹门口至潼关河段（黄淤 68—黄淤 41）、潼关至三门峡河段（黄

淤 41—黄淤 1)、北洛河下游状头至华阴河段（洛淤 21—洛淤 1）历年汛后的河道冲淤量。其中，负号表示冲刷，正号表示淤积，之后的叙述中同样如此。

表 2-14　黄河干流河段及北洛河下游河段历年汛后的河道冲淤量统计　（单位：亿 m³）

时段	冲淤量		
	黄淤 41—黄淤 1	黄淤 68—黄淤 41	洛淤 21—洛淤 1
2006.10～2007.10	0.196	−0.008	0.008
2007.10～2008.10	0.236	−0.465	0
2008.10～2009.10	−0.146	−0.294	0.005
2009.10～2010.10	−0.271	−0.070	0.021
2010.10～2011.10	−0.341	−0.162	−0.029
2011.10～2012.10	−0.388	−0.250	−0.014
2012.10～2013.10	0.403	0.033	−0.035
2013.10～2014.10	−0.266	−0.284	−0.048
2014.10～2015.10	0.332	−0.076	0.003
2015.10～2016.10	0.239	0.122	0.044
2016.10～2017.10	0.427	0.068	0.014
2017.10～2018.10	−0.894	−0.126	0.026
累计	−1.512	−0.473	−0.005

分析表 2-14，2006 年汛后至 2018 年汛后，黄河小北干流总体上发生了冲刷，冲刷量累计 0.473 亿 m³，平均每年冲刷 0.039 42 亿 m³。分析各年份的冲淤情况可以发现，2006 年汛后至 2012 年汛后，该河段持续冲刷，自 2012 年汛后往后，该河段淤积和冲刷开始交替进行，但总体上仍以冲刷为主，6 年共计冲刷 0.263 亿 m³。

潼关至三门峡河段 2006 年汛后至 2018 年汛后的累计冲刷量为 1.512 亿 m³，年平均冲刷量为 0.126 亿 m³，其间有冲有淤，最大冲刷量出现在 2017 年汛后至 2018 年汛后，共冲刷 0.894 亿 m³，占累计冲刷量的一半以上。总体来看，2012 年汛后之前，该河段以冲刷为主，2012 年汛后之后，该河段以淤积为主。

相较于黄河干流，北洛河下游状头至华阴河段的冲淤量较小，2006 年汛后至 2018 年汛后累计冲刷 0.005 亿 m³，年平均冲刷量为 0.000 42 亿 m³。观察其冲淤量的年际变化可以发现，每年的冲淤量为−0.048 亿～0.044 亿 m³，有冲有淤，总体上呈现冲淤平衡的态势。

对于渭河下游华县—潼关河段，石长伟等[63]曾专门收集整理冲淤量的数据，将其整理为表 2-15。

表 2-15　华县—潼关河段历年冲淤量统计　（单位：亿 m³）

时段	冲淤量		
	渭淤 1—渭拦	渭淤 10—渭淤 1	渭淤 10—渭拦
2002.9.27～2003.11.23	−0.0560	−0.4592	−0.5152
2003.11.23～2004.10.23	0.0104	0.0927	0.1031
2004.10.23～2005.10.21	−0.0541	−0.0426	−0.0967
2005.10.21～2006.10.24	0.0467	0.1932	0.2399

续表

时段	冲淤量		
	渭淤 1—渭拦	渭淤 10—渭淤 1	渭淤 10—渭拦
2006.10.24～2007.10.18	−0.0106	−0.0941	−0.1047
2007.10.18～2008.9.24	0.0042	0.0616	0.0658
2008.9.24～2009.10.24	0.0044	−0.0516	−0.0472
2009.10.24～2010.11.5	−0.0017	−0.6501	−0.6518
2010.11.5～2011.11.2	−0.0389	−0.1407	−0.1796
2011.11.2～2012.10.13	0.0207	0.0144	0.0351
2012.10.13～2013.10.16	−0.0023	0.0505	0.0482
2013.10.16～2014.10.16	0.0048	0.4886	0.4934
2014.10.16～2015.10.16	0.0033	−0.0209	−0.0176
累计	−0.0691	−0.5582	−0.6273

分析表 2-15，2002 年 9 月 27 日至 2015 年 10 月 16 日渭河下游华县—潼关河段累计冲刷量达到了 0.6273 亿 m^3，其中，渭淤 1—渭拦河段冲刷量为 0.0691 亿 m^3，总量较小，渭淤 1—渭淤 10 河段冲刷量为 0.5582 亿 m^3，在总冲刷量中占比将近 90%。总体来看，华县—潼关河段有冲有淤，冲淤量的波动范围为−0.6518 亿～0.4934 亿 m^3，某些年份会出现较大的冲刷量或淤积量，冲淤量的绝对值可以达到甚至超过 0.5 亿 m^3，其中，冲刷最明显的为 2009 年 10 月 24 日至 2010 年 11 月 5 日，冲刷量为 0.6518 亿 m^3。

2.3.2 潼关高程的变化规律分析

潼关高程指的是潼关（六）断面 1000m^3/s 流量对应的水位，是体现库区冲淤变化情况最重要的表征量，其升降是诸多外界因素综合作用的结果。

2006～2019 年汛前和汛后实测潼关高程的变化过程如图 2-33 所示，每年汛前和汛后对比上一年汛前和汛后潼关高程的升降值，以及对比 2006 年汛前和汛后潼关高程的累计升降值如表 2-16 所示。

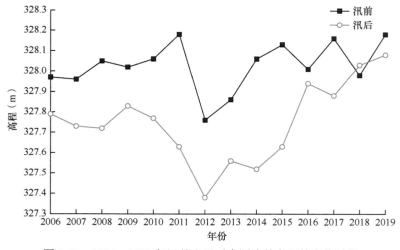

图 2-33 2006～2019 年汛前和汛后实测潼关高程的变化过程

表 2-16　潼关高程逐年升降值及累计升降值　　　　　（单位：m）

年份	汛前升降值	汛后升降值	汛前累计升降值	汛后累计升降值
2007	−0.01	−0.06	−0.01	−0.06
2008	0.09	−0.01	0.08	−0.07
2009	−0.03	0.11	0.05	0.04
2010	0.04	−0.06	0.09	−0.02
2011	0.12	−0.14	0.21	−0.16
2012	−0.42	−0.25	−0.21	−0.41
2013	0.10	0.18	−0.11	−0.23
2014	0.20	−0.04	0.09	−0.27
2015	0.07	0.11	0.16	−0.16
2016	−0.12	0.31	0.04	0.15
2017	0.15	−0.06	0.19	0.09
2018	−0.18	0.15	0.01	0.24
2019	0.20	0.05	0.21	0.29

自 1974 年以来，三门峡水库始终采用蓄清排浑的运用方式，2003 年以后，又增加了"318"运用方案，即非汛期最高运用水位不超过 318m，汛期平水期按照 305m 控制，流量大于 1500m³/s 时敞泄排沙[7]。从图 2-33 可以看出，2006 年汛前至 2019 年汛后，潼关高程的变化基本遵循着汛期冲刷、非汛期淤积的规律，汛期平均下降 0.278m，非汛期平均升高 0.308m，除 2018 年汛后高程略高于汛前高程以外，其余年份在汛期都发生了明显的冲刷，在统计时段内，每一个非汛期都发生了淤积，即前一年汛后高程总是低于下一年汛前高程。总体来看，汛前高程在 2006～2011 年不断攀升，累计升高 0.21m，在经历了之后几年的波动后，从 2014 年开始，汛前高程基本稳定在 327.9～328.2m，相比于 2006 年，汛前高程总共抬升 0.21m，年均抬升 0.016m。汛后高程在 2006～2010 年波动幅度不大，但在之后的两年里，快速下降了 0.39m，2012 年汛后高程降至最低点 327.38m，此后，潼关高程便呈现抬升的趋势，在 2019 年汛后达到了最大值 328.08m，相比 2012 年汛后的最小值提高了 0.7m，相比 2006 年汛后提升了 0.29m，年均升高 0.022m。还可以看出，汛期水流对潼关断面河床的冲刷作用在 2011～2015 年最为强烈，从 2016 年开始，冲刷效果明显下降，甚至在 2018 年出现了汛期淤积的情况，但与此同时，非汛期的淤积量也大幅度下降，汛前和汛后的潼关高程变化趋势在时间上总体保持一致。总的来说，潼关高程在 2006～2019 年处于缓慢升高的状态，相对来说比较稳定，没有剧烈的变化。

2.3.3　各河段冲淤对水沙的响应

在河道泥沙输移的过程中，流量的大小决定着输沙能力的大小，而含沙量的高低关系着河道冲淤量的大小，水是动力，沙是河道淤积的来源，来水量和来沙量共同影响着河道的冲淤特性，本小节将分析两者与流域内各河段冲淤量的关系，研究各河段冲淤量对来水来沙的响应。

　　龙门站为黄河小北干流上游的进口水文站，根据龙门站实测来水来沙资料，计算该站历年平均流量及含沙量，分别绘制其与小北干流冲淤量的对应关系，并进行线性回归，如图 2-34 和图 2-35 所示。

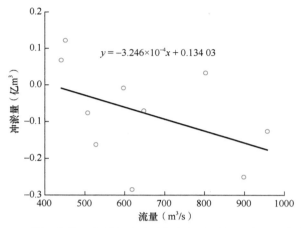

图 2-34　黄河小北干流历年冲淤量与龙门站历年平均流量的关系

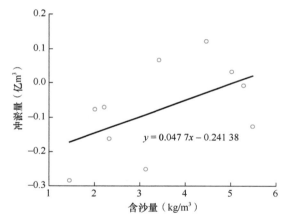

图 2-35　黄河小北干流历年冲淤量与龙门站历年平均含沙量的关系

　　从图 2-34 和图 2-35 可以看出，上游龙门站流量越大，河段的冲刷量越大，流量越小，水流的挟沙力越小，越易发生淤积；而含沙量对河道冲淤量的影响则与流量相反，总体上看，河道冲刷量和含沙量成反比。

　　观察图 2-34 和图 2-35 中散点的分布，能够发现流量或含沙量单一因素与河道冲淤量的相关性并不是很强，进行线性回归后，小北干流历年冲淤量与龙门站年平均流量的相关系数为–0.31，与年平均含沙量的相关系数为 0.44，可见单一因素并不能够决定河道冲淤量的大小，必须将其结合起来进行综合考虑。

　　将来沙系数作为代表水沙共同作用的物理量，分析龙门站历年平均来沙系数与小北干流历年冲淤量之间的对应关系，如图 2-36 所示。

　　分析图 2-36 可以发现，龙门站流量与含沙量复合为来沙系数后，其与黄河小北干流河道冲淤量的相关性大幅度提高，相关系数达到 0.83，散点较为均匀地分布在回归直

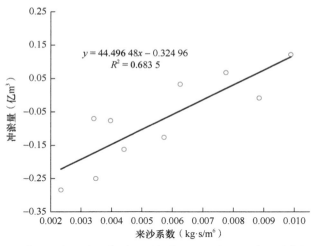

图 2-36　黄河小北干流历年冲淤量与龙门站历年平均来沙系数的关系

线两侧，河道冲淤量与来沙系数呈现较好的线性关系，来沙系数越大，河道淤积量越大，反之，则冲刷量越大。据此认为，黄河小北干流历年冲淤量与上游龙门站来沙系数之间存在较强的线性相关关系，用 W 代表河道冲淤量，可以归纳出其与龙门站来沙系数之间存在如下经验关系式：

$$W = 44.496\,48\,S/Q - 0.324\,96 \qquad\qquad (2\text{-}1)$$

此式代表龙门站年平均来水来沙量与小北干流河道历年冲淤量之间的经验性定量关系。

　　将同样的方法应用于潼关—坝址河段，潼关站即为该河段的进口水文站，计算该站历年平均流量和含沙量，绘制历年平均流量、含沙量、来沙系数与河段历年冲淤量之间的对应关系，如图 2-37 所示。

　　潼关站的水沙主要来自黄河小北干流上游的龙门站及渭河下游的华县站，因为增加了渭河的来水，潼关站历年平均流量要明显高于龙门站。对数据进行统计发现，龙门站近年来的平均含沙量只有华县站的 61% 左右，这意味着渭河来水量占干流总水量的比例

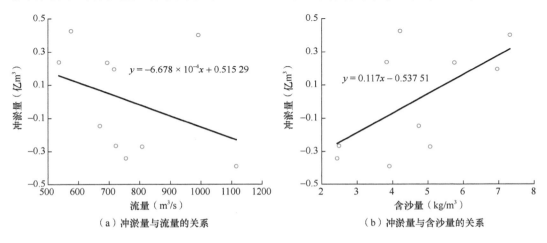

（a）冲淤量与流量的关系　　　　　　　　　　　（b）冲淤量与含沙量的关系

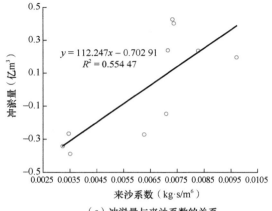

（c）冲淤量与来沙系数的关系

图 2-37　潼关—坝址河段历年冲淤量与潼关站历年平均流量、含沙量及来沙系数的关系

要显著低于渭河来沙量占干流总沙量的比例，因此潼关站的平均含沙量也要明显高于龙门站。进行线性回归后，潼关—坝址河段的历年冲淤量与潼关站历年平均流量的相关系数为−0.17，与历年平均含沙量的相关系数为 0.53，从图 2-37 也能看出，流量和含沙量单一因素与冲淤量的关系只能大致反映出正相关或负相关关系。

　　潼关站来沙系数和潼关以下河段冲淤量的相关性要明显高于单一因素，相关系数为0.74，据此认为潼关—坝址河段历年冲淤量和潼关站年平均来沙系数之间存在线性相关关系，其关系式为

$$W = 112.247 S/Q - 0.702\,91 \tag{2-2}$$

　　北洛河是黄河的二级支流，其下游的进口水文站为状头站。1960～2015 年（运用年），状头站多年平均来水量为 6.49 亿 m³，其中汛期多年平均来水量为 3.94 亿 m³，占总水量的 60.7%；多年平均来沙量为 0.61 亿 t，汛期多年平均来沙量为 0.57 亿 t，在总沙量中的占比高达 93.4%，水沙年内分配不均匀的情况十分显著。北洛河下游河段历年冲淤量与状头站历年平均流量、含沙量及来沙系数之间的关系如图 2-38 所示。

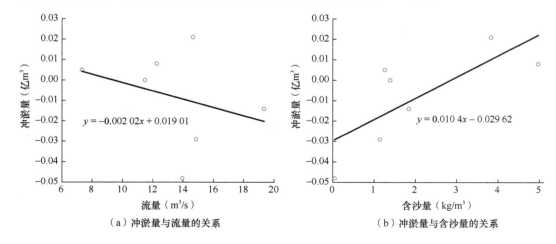

（a）冲淤量与流量的关系　　　　　　　　　（b）冲淤量与含沙量的关系

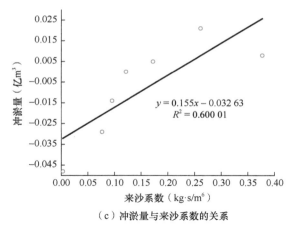

（c）冲淤量与来沙系数的关系

图 2-38　北洛河下游河段历年冲淤量与状头站历年平均流量、含沙量及来沙系数的关系

从图 2-38 可以看出，北洛河上游来水年平均流量一般分布在 10～20m³/s，而黄河干流年平均流量往往都在 500m³/s 以上，甚至可以达到 1000m³/s，北洛河来水量在黄河干流总水量中只占较小比例。北洛河下游河段历年冲淤量与状头站历年平均流量、含沙量的相关系数分别为−0.29、0.69。从散点的分布情况也能看出，河道冲淤量与流量并无明确关联，分布较为随机，而河道冲淤量与含沙量则大致呈正相关关系，点群较为均匀地分布于直线两侧。

图 2-38 表明，北洛河下游河段历年冲淤量与状头站历年平均来沙系数之间存在线性相关关系，相关系数为 0.77，经验关系式为

$$W = 0.155S/Q - 0.032\,63 \tag{2-3}$$

从图 2-38 可以看出，当状头站来沙系数大于 0.12kg·s/m⁶ 时，北洛河下游河段发生淤积，当小于 0.12kg·s/m⁶ 时，则发生冲刷。

渭河下游渭拦—渭淤 10 河段的进口水文站为华县站。1971～2016 年（运用年），华县站多年平均来水量为 55.72 亿 m³，其中汛期多年平均来水量为 34.28 亿 m³，占总水量的 61.5%；多年平均来沙量为 2.27 亿 t，其中汛期多年平均来沙量为 2.03 亿 t，占总沙量的 89.4%。与北洛河相似，渭河下游来水来沙也主要集中在汛期，尤其是来沙量，年内水沙分配不均匀。华县站的年平均流量通常分布在 100～200m³/s，年平均含沙量常常超过 6kg/m³，渭河来水来沙是干流水沙的重要组成部分。尝试分析该河段冲淤量与上游来水来沙之间的关系，从河段冲淤量与华县站来沙系数的关系中看不出两者之间的明确关联，考虑到北洛河在渭淤 2 和渭淤 1 断面之间的华阴汇入渭河，加入支流水沙后，仍未观察到冲淤量与来沙系数之间存在明显的相关性，进一步用冲淤量除以来水量，得到单位水量冲淤量后，分析其与华县站、状头站来水来沙的关系，仍没有发现明确的规律，因此，渭拦—渭淤 10 河段的冲淤量与上游华县站、状头站来水来沙之间不存在有规律的对应关系，无法仅用上游来水来沙估计河道的冲淤情况。

2.4 本 章 小 结

本章分析了近期黄河干流及各支流几个主要水文站的来水来沙变化情况，探究了上游进口水文站悬移质级配及黄河干流淤积物级配的年际变化规律。在河床冲淤演变方面，自 2007 年以来，各河道整体上表现出冲刷的态势，潼关高程在 2012 年之前呈降低趋势，之后又有所抬升。经研究，黄河小北干流河段、潼关以下库区河段以及北洛河下游河段历年冲淤量都与其上游进口水文站历年平均来水来沙存在显著的相关关系，各河段历年冲淤量与上游进口水文站历年平均来沙系数存在较强的线性相关关系。

第 3 章　河网水沙数学模型理论与方法

本章首先回顾河网水沙数学模型的发展概况，然后详细地阐述该模型建立所依据的理论和计算方法，并利用简单河网模型对水流模块进行验证，验证结果良好。

3.1　河网水沙数学模型的发展概况

3.1.1　河网水流数学模型的研究进展

对河网水流数学模型的研究，基本上是围绕如何求解圣维南方程组而展开。该方程组包括水流连续性方程和水流运动方程，由 de Saint-Venant 于 1871 年提出[38]。圣维南方程组在数学上属于一阶双曲拟线性偏微分方程组，在理论上尚无通用的解析解，因此大部分的研究是以简化方程组和直接数值求解的方法进行。

20 世纪中期以前，一般采用简化形式的圣维南方程组。这段时期主要的求解方法包括：纯经验法、线性化方法、水文学方法和水力学方法等[50]。

纯经验法：通过对特定河段的入流和出流做长期观测和记录，来率定基本的经验关系及参数。该方法使用范围很小，仅适用于无回水、无侧向入流的单一河段。

线性化方法：采用略去不重要的非线性项或将非线性项线性化的方式，得到可积分的简化方程组，然后通过积分进行求解。

水文学方法：基于质量守恒方程推导而来，目前所有的水文学模型都受到单一水位流量的制约，对于河段为由潮汐作用而引起的回水、旁侧流、坝或桥及水位流量为绳套曲线关系的情况，该方法就不再适用。

水力学方法：基于动量守恒方程推导而来，对动量守恒方程进行不同形式的简化，该模型仅适用于缓变底坡情形，对于缓变底坡与洪水波形相结合的情况就不再适用。

Stoker[40]于 1953 年首次提出有限差分法，并采用显式差分法离散圣维南方程组，成功应用于洪水的模拟。此后，针对完整圣维南方程组的数值求解方法不断发展，形成了显式差分和隐式差分两种主流差分方法。

显式差分法格式简单，可以直接求解，但其在计算稳定性上存在着时间和空间步长的限制，步长过大，会出现不收敛、不稳定的情况。隐式差分法可以克服显式差分法的缺点，在一定程度上不受时间和空间步长的影响，但其在求解过程中一般不能采用直接解法，常采用迭代试算法进行求解[39]。

以上所述为圣维南方程组的求解方法，该方程组只适用于两端为节点的单一河段，对于河网非恒定流的水流计算，还需在圣维南方程组的基础上加上河道汊点衔接方程组，该方程组主要是水流连续性方程和能量守恒方程，与圣维南方程组统称为河道-汊点方程组。

目前对复杂河网方程组进行求解时，主要有以下几种方法：有限差分法、组合单元法、有限元法、松弛迭代法。其中有限差分法又可以分为直接解法、分级解法，以下简要介绍各解法的基本思路。

直接解法：在河网模型计算中广泛应用，其直接求解河段内断面方程与汊点方程、边界方程组成的非线性方程组。该方程组的系数矩阵为一个不规则、不对称的大型稀疏矩阵，该方法的关键在于如何快速地求解大型稀疏矩阵。目前普遍使用的方法是李岳生等[42]提出的河网非恒定流隐式方程组稀疏矩阵解法，其只存储稀疏矩阵中的非零系数，大大降低了存储内存并提高了计算速度，因此被广泛使用。

分级解法：首先由 Dronkers[43]提出，基本思想是将求解过程分河段与微段两级处理，先将所有未知数集中到河段方程、边界方程和汊点方程上，求出河段方程、汊点方程和边界方程后，再回代，将各河段作为单一河段进行求解。分级解法按方程组的连接方式可以分为二级解法、三级解法、四级解法。

（1）二级解法：将所有的河段方程、汊点方程、边界方程组成封闭方程组，求解小型代数方程组，得到各河段首尾未知数，再回代各河段，求出微段方程未知数[43]。

（2）三级解法：在二级解法的基础上，将河段方程、汊点方程、边界方程中的水位、流量未知数消去其中一个，使二级联解的矩阵规模减小一半再进行求解，得到结果后回代，得到河段方程、汊点方程、边界方程中的水位、流量，再回代各河段，求出微段方程的水位、流量[44]。

（3）四级解法：在三级解法的基础上，进一步从三级联解方程组中分离出外边界方程和汊点方程，构成一个极小规模的方程组，求解出该方程组的水位、流量，再不断回代[45]。

组合单元法：由 Cunge[48]首先提出，基本思想是将水力特性相似且水位变化不大的某一片水体概化为一个单元，然后取单元的几何中心水位作为该单元的代表水位，求出各个单元的代表水位及单元间的流量。

有限元法：用有限元法可以得到和有限差分法同样高效的模型。张华庆等[64]采用半隐式有限元方法，建立了珠江三角洲河网水沙数学模型，该模型基于分凝法，分别求解河网水位和流量。水位、流量采用半隐式方法迭代计算，并且采用有限元装配算法，将河段水位方程与汊点水位方程叠加成总体方程进行计算，其优点是稳定性强、收敛快。

松弛迭代法：由 Fread[65]首先提出，其首先将河网分解为一条条单一的河段，再对每一河段分别求解，求解时，对于汇流点处的流量先给一个预估值，再使用松弛迭代方法不断校正，直到逼近精确值。该方法的优点是将复杂的大型河网水动力数值模拟问题转化为一系列单一河段的水力计算问题，使形成的代数方程组简单高效[65]。

随着计算机运行速度和存储能力的大幅度提升，对一般规模的稀疏矩阵直接求解计算已经完全可以实现，因此对于规模不是特别大的河网水流求解，基本不再需要进行分级来求解[36]。

3.1.2　河网泥沙数学模型的研究进展

河网结构错综复杂，且河段宽度与长度相差几个数量级，采用二维或三维泥沙数学模型求解仍较为困难，因此目前大部分泥沙数学模型仍以一维为主[36]。在库区的一维泥沙数学模型中，又以非均匀悬移质输移模型为主，对悬移质的研究在理论上已经取得了很大的进展，且在实际工程中也发挥了巨大的作用。目前对非均匀悬移质的求解，普遍采用的方法是通过计算分组水流挟沙力级配 p_{*i}，从而实现悬移质级配 p_i 与床沙级配 R_i 的相互交换，只不过各模型的分组水流挟沙力级配 p_{*i} 计算方法不同，主要方法包括韩其为模型[52, 53]、HEC-6 模型[57]、李义天模型[54]、杨国录模型[60]、韦直林模型[56]，以下简要介绍各种模型的基本原理。

韩其为模型[52, 53]：采用计算总含沙量的方式，并假设悬移质分组水流挟沙力级配 p_{*i} 等于悬移质级配 p_i，且各组泥沙独自保持平衡而不相互影响，建立了可计算、悬移质级配与床沙级配变化规律的泥沙模型，该模型自建立起就被广泛使用。

HEC-6 模型[57]：以床沙级配 R_i 推求分组水流挟沙力级配 p_{*i}，先求解每一粒径组泥沙可能的水流挟沙力级配 $S_*(D_i)$，而实际分组水流挟沙力级配 p_{*i} 则等于 $S_*(D_i)$ 与床沙级配 R_i 的乘积。该方法的前提假设仍需进行进一步的合理性分析。

李义天模型[54]：在平衡输沙状态下考虑单位床面上的泥沙等量交换，从而确定非均匀沙挟沙力，其特点是同时考虑了水流条件和床沙组成对挟沙力的影响。

杨国录模型[60]：除了考虑水流条件和床沙组成对挟沙力的影响，还着重考虑了推移质运动对挟沙力的影响，并由此建立了挟沙力级配与床沙级配的关系式。

韦直林模型[56]：水体中泥沙的来源主要有两个，即上游来沙和水流紊动引起的床沙扩散，因此分组水流挟沙力级配 p_{*i} 应与悬移质级配 p_i 和床沙级配 R_i 同时相关。同时，在床沙级配的调整方面，该模型将床沙概化为表层、中层、底层，并且在每一计算时段内，各层之间的界面都不变，泥沙交换限制在表层进行，而中层和底层不变。

在应用一维泥沙输移模型计算河网泥沙冲淤时，还需要在水沙输移方程的基础上引入汊点衔接方程。由于河网在分汊口处有多条支流交汇，汊点分沙模式对河网的泥沙计算精度具有重要影响。

我国学者对汊点分沙模式进行了大量的研究。丁君松和丘凤莲[58]根据长江白沙洲、梅子洲、八卦洲等主支汊纵剖面，将主支汊鞍点水深作为引水深，根据分汊口各级配悬沙浓度沿垂线的分布规律来计算汊道分沙比。韩其为等[59]引入由汊道分流比决定的当量水深来作为引水深，同时根据流速和含沙量的垂线分布，计算悬沙分沙比与分流比的关系以及悬级质级配，从而避免了给出主支汊鞍点处的高程，此后，秦文凯等[61]又对上述模型进行了改进。余新明等[62]对分汊河道整体水流结构和底沙输移演化特征进行了水槽试验研究，得出主流、支流底沙输移强度取决于流量分配。李琳琳和余锡平[66]采用可考虑相间滑移的混相流模型对不同形态分汊河道的悬移质分沙进行了计算，认为分汊口门处的环流强弱和悬移质垂线分布是影响汊道分沙比与分流比关系的主要因素。方红卫等[36]以汊点出流断面挟沙能力作为衡量分沙大小的标准，认为支流的含沙量与挟沙能力有一个比例常数，并由此建立了汊点分沙模式。

3.2 水流模块原理及计算方法

3.2.1 基本方程

河网水流数学模型研究，实际上是对圣维南方程组结合汊点衔接方程的一个完整求解过程。圣维南方程组包括水流连续性方程和水流运动方程，具体表达式如下。

水流连续性方程：

$$\frac{\partial Q}{\partial x} + B\frac{\partial Z}{\partial t} = q \tag{3-1}$$

水流运动方程：

$$\frac{\partial U}{\partial t} + U\frac{\partial U}{\partial x} + g\frac{\partial Z}{\partial x} + g\frac{U|U|}{C^2 R} = 0 \tag{3-2}$$

式中，Z 为断面水位；Q 为流量；U 为断面平均流速；B 为水面的总宽度；q 为由降水、引水等引起的单位长度源汇流量强度；R 为水力半径；g 为重力加速度；C 为谢才系数；x 和 t 分别为位置和时间的单位坐标。

将式（3-2）中的流速 U 替换成流量 Q 有 $Q=FU$，其中 F 为断面过水面积。可以得到以水位 Z 和流量 Q 表示的水流运动方程：

$$\frac{\partial Q}{\partial t} + \left(gF - \frac{Q^2}{F^2}B\right)\frac{\partial Z}{\partial x} + \frac{2Q}{F}\frac{\partial Q}{\partial x} + g\frac{n^2 Q|Q|}{FR^{4/3}} - \frac{Q^2}{F^2}\left.\frac{\partial F}{\partial x}\right|_Z = 0 \tag{3-3}$$

式中，n 为糙率；$\left.\dfrac{\partial F}{\partial x}\right|_Z$ 为固定 Z 对 x 求偏导数。

汊点衔接方程主要有两类，一类是流量衔接方程，另一类是动力衔接方程。对于流量衔接方程，要求进出每一汊点的流量与汊点内实际水量的增减率相等。对于动力衔接方程，要求汊点的各汊道断面上水位与汊点平均水位之间必须符合实际的动力衔接要求[44]。如果汊点能够概化为一个几何点，近似为出入各汊道的水流缓慢，且不存在水位突变，则各汊道断面的水位应当相等，且等于该汊点的平均水位 $\bar{Z}$。汊点衔接方程的表达式如下。

流量衔接方程：

$$\sum Q_i = \frac{\partial \Omega}{\partial t} \tag{3-4}$$

式中，i 为汊点中各汊道断面的编号；Q_i 为通过 i 断面进出汊点的流量；Ω 为汊点的蓄水量。如果将该汊点概化为一个几何点，则 $\Omega=0$。

动力衔接方程：

$$Z_i = Z_j = \cdots = \bar{Z} \tag{3-5}$$

3.2.2　水流数学模型求解

3.2.2.1　方程离散

对水流数学模型的求解，即对以上方程组的求解。首先对圣维南方程组进行求解，本书采用有限差分法来求解完整的圣维南方程组。有限差分法按照差分格式的不同可分为显式和隐式两种方法，显式差分法的主要过程是由已知时间层的变量推求下一时间层的变量，该方法原理清晰且易于编程实现，但其计算结果波动大，稳定性受时间和空间步长的限制[67]。隐式差分法的求解过程中隐含着下一时间层的未知变量，需整体求解线性方程组，该方法计算上更为复杂，但具有无条件稳定的特性。本书综合对比各种方法，采用普列斯曼四点偏心隐式差分法，将圣维南方程组离散为可求解的线性方程组。普列斯曼四点偏心隐式差分法的离散格式如图 3-1 所示。

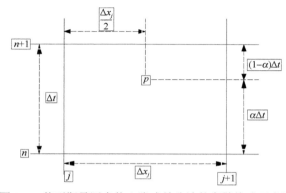

图 3-1　普列斯曼四点偏心隐式差分法的离散格式示意图

在空间坐标点的中点、时间坐标点的 α 分点上离散，即在 $p\left(x_j + \dfrac{1}{2}\Delta x_j, t_n + \alpha\Delta t\right)$ 点上的差分形式为

$$f(x,t)\big|_p = \frac{\alpha}{2}\left(f_{j+1}^{n+1} + f_j^{n+1}\right) + \frac{1-\alpha}{2}\left(f_{j+1}^n + f_j^n\right) \tag{3-6}$$

$$\frac{\partial f}{\partial x}\bigg|_p \approx \alpha\frac{f_{j+1}^{n+1} - f_j^{n+1}}{\Delta x} + (1-\alpha)\frac{f_{j+1}^n - f_j^n}{\Delta x} \tag{3-7}$$

$$\frac{\partial f}{\partial t}\bigg|_p \approx \frac{f_{j+1}^{n+1} - f_{j+1}^n + f_j^{n+1} - f_j^n}{2\Delta t} \tag{3-8}$$

式中，α 为权数，取值为 $\dfrac{1}{2} \leqslant \alpha \leqslant 1$。

采用以上格式对式（3-1）、式（3-3）进行差分离散，可以得到四点加权形式的圣维南差分方程组：

$$\Delta x_j D_1 Z_j^{n+1} - 4\alpha \Delta t Q_j^{n+1} + \Delta x_j D_1 Z_{j+1}^{n+1} + 4\alpha \Delta t Q_{j+1}^{n+1}$$

$$= \Delta x_j D_1 \left(Z_j^n + Z_{j+1}^n \right) + 4\Delta t (1-\alpha) \left(Q_j^n - Q_{j+1}^n \right) \tag{3-9}$$

$$-\alpha D_2 \Delta t Z_j^{n+1} + \left(\Delta x_j - D_3 \Delta t \right) Q_j^{n+1} + \alpha D_2 \Delta t Z_{j+1}^{n+1} + \left(\Delta x_j + \alpha D_3 \Delta t \right) Q_{j+1}^{n+1}$$

$$= \Delta x_j \left(Q_j^n + Q_{j+1}^n \right) + (1-\alpha) D_2 \Delta t \left(Z_j^n - Z_{j+1}^n \right) + (1-\alpha) D_3 \Delta t \tag{3-10}$$

$$+ \alpha D_3 \Delta t \left(Q_j^n - Q_{j+1}^n \right) + D_4 \Delta x_j \Delta t + D_5 \Delta t$$

其中，$D_1 = \alpha \left(B_j^{n+1} + B_{j+1}^{n+1} \right) + (1-\alpha) \left(B_j^n + B_{j+1}^n \right)$

$$D_2 = \alpha \left[\left(gF - \frac{Q^2}{F^2} B \right)_j^{n+1} + \left(gF - \frac{Q^2}{F^2} B \right)_{j+1}^{n+1} \right] + (1-\alpha) \left[\left(gF - \frac{Q^2}{F^2} B \right)_j^n + \left(gF - \frac{Q^2}{F^2} B \right)_{j+1}^n \right]$$

$$D_3 = 2\alpha \left[\left(\frac{Q}{F} \right)_j^{n+1} + \left(\frac{Q}{F} \right)_{j+1}^{n+1} \right] + 2(1-\alpha) \left[\left(\frac{Q}{F} \right)_j^n + \left(\frac{Q}{F} \right)_{j+1}^n \right]$$

$$D_4 = -gN^2 \left\{ \alpha \left[\left(\frac{Q|Q|}{FR^{4/3}} \right)_j^{n+1} + \left(\frac{Q|Q|}{FR^{4/3}} \right)_{j+1}^{n+1} \right] + (1-\alpha) \left[\left(\frac{Q|Q|}{FR^{4/3}} \right)_j^n + \left(\frac{Q|Q|}{FR^{4/3}} \right)_{j+1}^n \right] \right\}$$

$$D_5 = \frac{1}{2} \left\{ \begin{array}{l} \alpha \left[F_{j+1} \left(Z_j^{n+1} \right) - F_j \left(Z_j^{n+1} \right) + F_{j+1} \left(Z_{j+1}^{n+1} \right) - F_j \left(Z_{j+1}^{n+1} \right) \right] \times \left[\left(\frac{Q_j^{n+1}}{F_j^{n+1}} \right)^2 + \left(\frac{Q_{j+1}^{n+1}}{F_{j+1}^{n+1}} \right)^2 \right] \\ + (1-\alpha) \left[F_{j+1} \left(Z_j^n \right) - F_j \left(Z_j^n \right) + F_{j+1} \left(Z_{j+1}^n \right) - F_j \left(Z_{j+1}^n \right) \right] \times \left[\left(\frac{Q_j^n}{F_j^n} \right)^2 + \left(\frac{Q_{j+1}^n}{F_{j+1}^n} \right)^2 \right] \end{array} \right\}$$

在 D_5 的表达式中，$F_{j+1} \left(Z_j^{n+1} \right)$ 表示在 $j+1$ 断面中，水位等于 Z_j^{n+1} 对应的过水面积，具有同一形式的其他量以此类推。

3.2.2.2　稀疏矩阵求解法

当方程组采用普列斯曼四点偏心隐式差分法时，可以得到两个表示上下游断面水位和流量之间关系的方程组，即式（3-9）、式（3-10），该方程组可以概化为以下统一形式[42]：

$$a_{j,1} Z_j + a_{j,2} Q_j + b_{j,1} Z_{j+1} + b_{j,2} Q_{j+1} = c_j \tag{3-11}$$

$$a_{j+1,1} Z_j + a_{j+1,2} Q_j + b_{j+1,1} Z_{j+1} + b_{j+1,2} Q_{j+1} = c_{j+1} \tag{3-12}$$

式中，Z_j、Z_{j+1}、Q_j、Q_{j+1} 是下一时刻的未知数，而系数及右端项是未知数的函数。对式（3-11）、式（3-12）分别消去流量项和水位项，可得

$$Z_j + \overline{b}_{j,1} Z_{j+1} + \overline{b}_{j,2} Q_{j+1} = \overline{c}_j \tag{3-13}$$

$$Q_j + \overline{b}_{j+1,1} Z_{j+1} + \overline{b}_{j+1,2} Q_{j+1} = \overline{c}_{j+1} \tag{3-14}$$

式（3-13）、式（3-14）反映了直河段两个相邻断面之间水流的运动规律，称为内断面方程。系数 $\overline{b}_{j,1}$、$\overline{b}_{j,2}$、$\overline{b}_{j+1,1}$、$\overline{b}_{j+1,2}$ 及右端项 $\overline{c}_j$、$\overline{c}_{j+1}$ 均依赖于未知数 Z_j、Z_{j+1}、Q_j、Q_{j+1}，在求解时，先将系数及右端项中的 Z_j、Z_{j+1}、Q_j、Q_{j+1} 换成前一时刻的量，采用稀疏矩阵直接求解法求解未知量，然后进行迭代，最后求得下一时刻精确的 Z_j、Z_{j+1}、Q_j、Q_{j+1}。

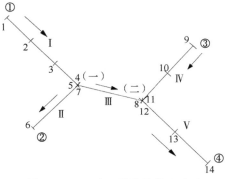

图 3-2　二汊点河道的结构和编号

为简洁明了地介绍稀疏矩阵解法，以一个二汊点的河网为例，说明普列斯曼四点偏心隐式的稀疏矩阵直接求解方法。图 3-2 是一个具有 5 条河段、2 个汊口，并设有 14 个断面的二汊点河道，其中 4 个是给定边界条件的边界断面。得到方程组系数矩阵的步骤如下。

1. 断面编号

对河段进行编号，如图 3-2 中的 Ⅰ、Ⅱ、Ⅲ、Ⅳ、Ⅴ；对汊口进行编号，如图 3-2 中的（一）、（二）；对边界进行编号，如图 3-2 中的①、②、③、④；规定河网的流向，流向也可以与实际流向不符，不过此时流量与实际流量相差一个负号；依直河段的顺序及流向对大断面编号，如图 3-2 中的 1、2、3…14。

2. 汊口假定

采用斯托克斯假定，即汊口水位相等且汇流流量等于分流流量之和。以图 3-2 中二汊点河网为例，（一）汊口有如下关系：

$$\left.\begin{array}{r}-Z_4 + Z_5 = 0 \\ -Z_5 + Z_7 = 0\end{array}\right\}（水位方程）\tag{3-15}$$

$$\sum_{i=4,5,7}\left(\overline{n}_i + \overline{\tau}_i\right)Q_i = 0 \quad（流量方程）\tag{3-16}$$

式中，$\overline{n}_i$、$\overline{\tau}_i$ 分别是汊口断面的外法向和河段流向单位矢量。

3. 方程和未知数排列

第 j 断面的水位和流量分别以 Z_j 和 Q_j 表示，未知数的排列次序是 Z_1、Q_1、Z_2、Q_2、Z_3、Q_3…Z_{14}、Q_{14}。方程的排列次序如下。

（a）将河段编号按照从小到大的顺序进行排列。

（b）对于每一个直河段，按照断面号的大小顺序，依次排列内断面方程（3-13）、方程（3-14），内断面方程排列好之后再排列边界方程，并且先排列上游边界方程，再排列下游边界方程。

（c）对于边界方程来说，可分为两类，一类是给定的边界条件，另一类是汊点方程。对于给定的边界条件，可以直接写入，对于汊点方程，按照以下规则进行：当某河段是所属汊点中编号最小时，写入流量方程（3-16），否则写入水位方程（3-15）。

方程组的系数矩阵经过以上处理之后，可形成与未知数总数相等的完备代数方程组，构成对应的系数矩阵，其具有如下特点。

（a）高阶。当河网内断面很多且汊点过多时，形成的系数矩阵可达上千阶。

（b）零系数极为稀疏，矩阵的稀疏率（非零元素在系数矩阵中所占的百分比）随着网河范围的增大而不断减小。

（c）内断面方程的非零系数都位于稀疏矩阵主对角线的右边，且非零系数的列标由该内断面方程的序号所确定。例如，第 j 个方程是内断面方程，令

$$k = \begin{cases} 1 & \text{当 } j \text{ 为奇数时} \\ 0 & \text{当 } j \text{ 为偶数时} \end{cases}$$

则第 j 个方程的非零系数在系数矩阵中的列标为 j、$j+k+1$、$j+k+2$，且第 j 列（主对角线）元素为 1。

（d）边界方程的非零系数在系数矩阵中比较分散，没有带状的性质。

根据河网方程组系数矩阵的排列特点，采用仅存储非零系数的直接全主元消元法对稀疏矩阵进行求解。基本思想为：将位于系数矩阵主对角线以下的非零元素变为零，同时使主对角线的系数变为 1，然后进行回代。根据稀疏矩阵的特点，由于内断面方程已经是主对角线左边所有系数为零，且主对角线系数为 1，因此对内断面方程的系数不需要进行处理，主要对边界方程的系数进行消元，其步骤如下。

（a）边界方程消元的顺序是先对上边界方程消元，再对下边界方程消元。

（b）在对某个边界方程进行消元时，首先确定一个数组，它的下边界是该边界方程所在的行序号，它的上边界是消元前边界方程第 1 个非零系数所对应的列序号。将该数组单独提取出来进行列主元素消元，再将消元后的数组代回原稀疏矩阵中，整个稀疏矩阵的解不变。

（c）方程回代，将消元后的稀疏矩阵直接回代，即可求得未知数。

（d）迭代求解。稀疏矩阵的系数中含有下一时刻的未知量，需要进行迭代计算，通常将前一时刻的变量代替稀疏矩阵中下一时刻的变量，然后按照（a）～（c）的过程进行迭代，直到两次迭代的误差在允许误差范围内，下一时刻的计算结束。

3.2.3 水流数学模型验证

基于 Fortran 软件编程河网水流数学模型，可以计算出逐时段的水位、流量，为后面的河网泥沙数学模型计算提供水力要素，因此河网水流数学模型建立的正确性和精确性至关重要。本小节对建立的河网水流数学模型进行简单河道的计算验证，确保水流数学模型的正确性。

验证内容包括零汊点（单一河道）验证、一汊点验证、二汊点验证，其中零汊点验证包括恒定均匀流验证、恒定非均匀流验证、非恒定非均匀流验证，一汊点验证、二汊点验证主要为恒定非均匀流验证。

3.2.3.1　零汊点验证

1. 恒定均匀流验证

恒定均匀流验证采用恒定棱柱体明渠，底坡恒定，为 $i = 0.0002$，糙率恒定，为 $n = 0.013$，水渠全长 5089m。渠道断面为梯形，底宽 $b = 5$m，边坡系数 $m = 3$，末端底高程为 10m。渠道给定恒定流量 $Q_0 = 150$m³/s。将渠道分为 10 段，每段间距 500m 左右，形成的断面信息如表 3-1 所示。

表 3-1　棱柱体明渠断面信息表

断面	s_0（m）	z_d（m）	z_0（m）	Q_0（m³/s）
1	513.4	11.018	15.518	150
2	512.1	10.915	15.515	150
3	510.9	10.810	15.510	150
4	509.9	10.710	15.510	150
5	509.0	10.610	15.510	150
6	508.1	10.510	15.510	150
7	507.4	10.410	15.510	150
8	506.7	10.300	15.500	150
9	506.1	10.200	15.500	150
10	505.6	10.100	15.500	150
11		10.000	15.500	150

注：s_0 为计算断面间距；z_d 为渠底高程；z_0 为初始水位；Q_0 为恒定流量

对于恒定均匀水流，采用谢才公式计算其正常水深 h_0：

$$h_0 = \frac{QnR^{-\frac{2}{3}}i^{-\frac{1}{2}}}{b + mh} \tag{3-17}$$

式中，Q 为流量；n 为糙率；R 为水力半径；i 为底坡；b 为河道底宽；m 为边坡系数；h_0 为正常水深。

根据已提供的流量断面资料，通过迭代法求得恒定均匀流的正常水深为 $h_0 = 4.3$m。由正常水深和初始底高程，可计算出恒定均匀流的理论水面线。

此外，采用河网水流数学模型对零汊点河道计算，其中上游边界条件给定恒定水位 $z = 15.318$m，下游边界条件给定恒定流量 $Q = 150$m³/s。恒定均匀流零汊点验证结果如表 3-2 所示。

表 3-2　恒定均匀流零汊点验证结果

断面	$Z_{理论}$（m）	$Z_{模型}$（m）	$Z_{误差}$（%）	$Q_{理论}$（m³/s）	$Q_{模型}$（m³/s）	$Q_{误差}$（%）
1	15.318	15.318	0.000	150	149.989	0.007
2	15.215	15.215	−0.001	150	149.982	0.012
3	15.110	15.112	0.013	150	150.013	−0.009
4	15.010	15.009	−0.004	150	150.010	−0.007

断面	$Z_{理论}$（m）	$Z_{模型}$（m）	$Z_{误差}$（%）	$Q_{理论}$（m³/s）	$Q_{模型}$（m³/s）	$Q_{误差}$（%）
5	14.910	14.907	−0.022	150	149.998	0.001
6	14.810	14.804	−0.041	150	150.006	−0.004
7	14.710	14.701	−0.063	150	149.965	0.023
8	14.600	14.598	−0.014	150	150.031	−0.021
9	14.500	14.496	−0.029	150	150.019	−0.013
10	14.400	14.393	−0.046	150	150.016	−0.011
11	14.300	14.291	−0.064	150	150.000	0.000

注：表中数据经过四舍五入，存在舍入误差

从表 3-2 可以看出，河网水流数学模型计算出的水位和流量与理论值基本一致，误差很小，基本可以忽略不计，因此河网水流数学模型对恒定均匀流的验证结果良好。

2. 恒定非均匀流验证

恒定非均匀流验证仍采用上述棱柱体明渠，基本参数不变，只将上游水位改为恒定水位 $z=16.500$m。对于恒定非均匀流的理论计算，一般采用能量方程推求水面线，能量方程的基本形式为

$$z_1 + \frac{\alpha_1 v_1^2}{2g} = z_2 + \frac{\alpha_2 v_2^2}{2g} + \frac{Q^2 \Delta s}{\overline{K}^2} + \overline{\zeta}\left(\frac{v_2^2}{2g} - \frac{v_1^2}{2g}\right) \tag{3-18}$$

式中，z_1、v_1 和 z_2、v_2 分别为断面 1 和断面 2 的水位和流速；$\overline{\zeta}$ 为河段的平均局部水头损失系数，$\overline{\zeta}$ 值与河道断面的变化情况有关，对于顺直河段，$\overline{\zeta}=0$；Q 为河道流量；Δs 为两断面之间的间距；$\overline{K}$ 为断面 1 和断面 2 的平均流量模数；α_1 和 α_2 为相应断面的动能修正系数。

将式（3-18）中的已知量和未知量分别写于等号两边，并代入 $v = \dfrac{Q}{A}$，则有

$$z_1 + \frac{(\alpha_1 + \overline{\zeta})Q^2}{2g A_1^2} - \frac{Q^2 \Delta s}{\overline{K}^2} = z_2 + \frac{(\alpha_2 + \overline{\zeta})Q^2}{2g A_2^2} \tag{3-19}$$

式中，等号右边为已知量，以 B 表示；等号左边为 z_1 的函数，以 $f(z_1)$ 表示，可得

$$f(z_1) = B \tag{3-20}$$

在计算时，假设一系列的 z_1，计算相应的 $f(z_1)$，当 $f(z_1)=B$ 时 z_1 即为所求。依照此方法逐段向上游或者向下游推算，即可得到各断面水位。此外，采用河网水流数学模型进行恒定非均匀流计算。恒定非均匀流零汊点验证结果如表 3-3 所示。

表 3-3　恒定非均匀流零汊点验证结果

断面	$Z_{理论}$（m）	$Z_{模型}$（m）	$Z_{误差}$（%）	$Q_{理论}$（m³/s）	$Q_{模型}$（m³/s）	$Q_{误差}$（%）
1	16.500	16.500	0.000	150	147.227	−1.849
2	16.468	16.463	−0.031	150	150.691	0.461
3	16.439	16.433	−0.033	150	151.158	0.772

续表

断面	$Z_{理论}$（m）	$Z_{模型}$（m）	$Z_{误差}$（%）	$Q_{理论}$（m³/s）	$Q_{模型}$（m³/s）	$Q_{误差}$（%）
4	16.413	16.409	-0.020	150	148.637	-0.909
5	16.390	16.380	-0.057	150	150.625	0.417
6	16.370	16.353	-0.103	150	150.315	0.210
7	16.352	16.329	-0.139	150	150.563	0.375
8	16.336	16.306	-0.184	150	149.737	-0.175
9	16.320	16.279	-0.250	150	149.401	-0.399
10	16.302	16.265	-0.224	150	149.022	-0.652
11	16.285	16.258	-0.167	150	150.000	0.000

注：表中数据经过四舍五入，存在舍入误差

从表 3-3 可以看出，水位误差最大仅为-0.250%，而流量误差最大为-1.849%，但相对于 150m³/s 的恒定流量来说，基本可以忽略不计，因此，河网水流数学模型对恒定非均匀流的验证结果良好。

3. 非恒定非均匀流验证

非恒定非均匀流验证仍采用上述棱柱体明渠，基本参数不变，将上游边界条件改为 $z=15+0.5\sin(2\pi t/5)$，下游边界条件改为 $Q=120+30\sin(2\pi t/5)$，变化周期为 5h。对非恒定非均匀流的理论求解较繁琐，需将计算总时段划分为若干时段，每一时段使用能量方程推求水面线，在每一时段内，假定流量沿程恒定不变。此外，采用河网水流数学模型进行计算，选取第 3 断面、第 6 断面、第 9 断面对水位、流量进行对比验证，验证结果如图 3-3 所示。

从图 3-3 可以看出，河网水流数学模型计算结果在初始时刻有较大波动，一定时间段稳定之后，模型值与理论值的水位基本重合，而流量有微小偏差，分析认为这与能量方程计算的假定有关，能量方程计算时，假定每一时段内的流量恒定不变，而实际流量是在不断变化的，这导致二者产生了差别。总体上来看，河网水流数学模型对非恒定非均匀流的验证结果良好。

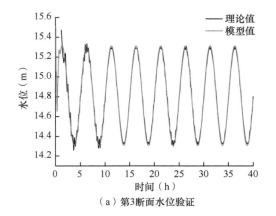

（a）第3断面水位验证

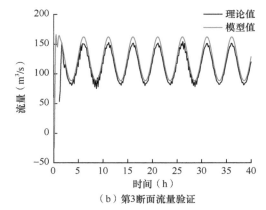

（b）第3断面流量验证

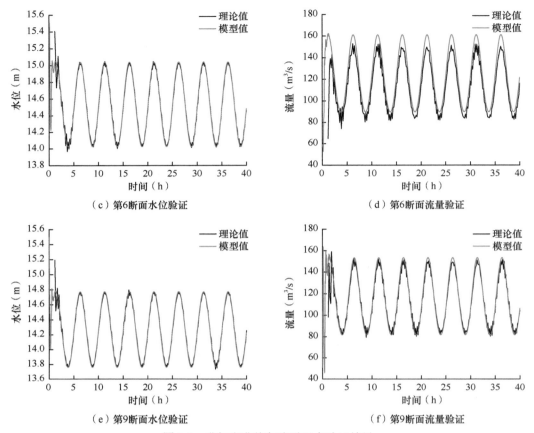

（c）第6断面水位验证　　　　　　　　　　（d）第6断面流量验证

（e）第9断面水位验证　　　　　　　　　　（f）第9断面流量验证

图 3-3　非恒定非均匀流零汊点验证结果

3.2.3.2　一汊点验证

对于一汊点验证，选取容易理论求解的恒定非均匀流进行计算。一汊点河道的结构和编号如图 3-4 所示，一河段宽 10m，断面间距为 100m；二河段宽 6m，断面间距为 200m；三河段宽 8m，断面间距为 200m。①边界给定恒定流量 Q_1=33.159m³/s，②边界给定恒定水位 Z_6=1.600m，③边界给定恒定水位 Z_8=1.600m。

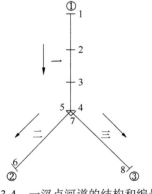

图 3-4　一汊点河道的结构和编号

在使用能量方程进行水面线计算时，需要考虑汊点的分流比，即流量 Q_5、Q_7 的确定，已知 $Q_5+Q_7=Q_4=Q_1$，在具体计算时，可以先假设 Q_5，则 Q_7 由此确定，再根据 Q_6+Q_5、Q_8+Q_7 由下游往上游分别计算水位 Z_5、Z_7，若二者相等，则假设的 Q_5 正确，否则重新假设。此外，采用河网水流数学模型对一汊点进行计算，验证结果如表 3-4 所示。可以看出，一汊点的水位、流量误差很小，二者基本一致，说明河网水流数学模型对一汊点河道的验证结果良好。

表 3-4　恒定非均匀流一汊点验证结果

断面	$Z_{理论}$（m）	$Z_{模型}$（m）	$Z_{误差}$（%）	$Q_{理论}$（m³/s）	$Q_{模型}$（m³/s）	$Q_{误差}$（%）
1	1.800	1.800	0.000	33.159	33.159	0.000
2	1.753	1.755	0.091	33.159	33.159	0.000
3	1.704	1.707	0.149	33.159	33.159	0.000
4	1.652	1.656	0.255	33.159	33.159	0.000
5	1.652	1.656	0.255	13.698	13.715	0.125
6	1.600	1.600	0.000	13.698	13.715	0.125
7	1.652	1.656	0.255	19.461	19.444	−0.088
8	1.600	1.600	0.000	19.461	19.444	−0.088

注：表中数据经过四舍五入，存在舍入误差

3.2.3.3　二汊点验证

　　二汊点验证仍采用可理论计算的恒定非均匀流作为验证对象。二汊点河道的结构和编号如图 3-5 所示。一河段宽 10m，断面间距为 500m；二河段宽 6m，断面间距为800m；三河段宽 8m，断面间距为 800m；四河段宽 6m，断面间距为 500m；五河段宽10m，断面间距为 500m。①边界给定恒定流量 Q_1=30.969m³/s，③边界给定恒定流量Q_9=22.864m³/s，②边界给定恒定水位 Z_6=1.600m，④边界给定恒定水位 Z_{14}=1.500m。

　　在采用能量方程理论计算水面线时，仍需解决汊口的分流问题，此时仍采用假设流量方法，先假设流量 Q_8，由 Q_8 进行一系列计算可求得 Z_5、Z_7，若二者相等，则假设正确，否则继续修正。此外，采用河网水流数学模型对二汊点河道进行计算，恒定非均匀流二汊点验证结果如表 3-5 所示。可以看出，水位的最大误差仅为–0.28%，流量的最大误差仅为–0.014%，基本可以忽略不计，因此河网水流数学模型对二汊点的恒定非均匀流验证良好。

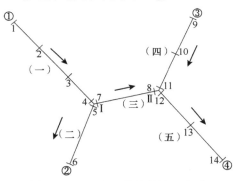

图 3-5　二汊点河道的结构和编号

表 3-5　恒定非均匀流二汊点验证结果

断面	$Z_{理论}$（m）	$Z_{模型}$（m）	$Z_{误差}$（%）	$Q_{理论}$（m³/s）	$Q_{模型}$（m³/s）	$Q_{误差}$（%）
1	1.800	1.800	0.000	30.969	30.969	0.000
2	1.761	1.762	0.059	30.969	30.969	0.000
3	1.722	1.722	0.036	30.969	30.969	0.000
4	1.679	1.681	0.143	30.969	30.969	0.000
5	1.682	1.681	−0.043	16.338	16.340	0.012
6	1.600	1.600	0.000	16.338	16.340	0.012
7	1.682	1.681	−0.043	14.631	14.629	−0.014
8	1.652	1.654	0.121	14.631	14.629	−0.014

断面	$Z_{理论}$（m）	$Z_{模型}$（m）	$Z_{误差}$（%）	$Q_{理论}$（m³/s）	$Q_{模型}$（m³/s）	$Q_{误差}$（%）
9	1.800	1.800	0.000	22.864	22.864	0.000
10	1.728	1.729	0.052	22.864	22.864	0.000
11	1.652	1.654	0.121	22.864	22.864	0.000
12	1.658	1.654	−0.280	37.496	37.493	−0.008
13	1.586	1.582	−0.234	37.496	37.493	−0.008
14	1.500	1.500	0.000	37.496	37.493	−0.008

注：表中数据经过四舍五入，存在舍入误差

3.3 泥沙模块原理及计算方法

3.3.1 基本方程

河网泥沙数学模型基本方程主要包括泥沙连续性方程、沙量平衡方程以及水流挟沙力方程。

泥沙连续性方程：

$$\frac{\partial (UhS_v)}{\partial x} + \frac{\partial (hS_v)}{\partial t} + m\frac{\partial y}{\partial t} = 0 \tag{3-21}$$

沙量平衡方程：

$$\frac{\partial S}{\partial x} = -\frac{\alpha \omega}{q}(S - S_*) \tag{3-22}$$

水流挟沙力方程：

$$S_* = S_*(Q, h, \omega \cdots) \tag{3-23}$$

式中，U 为断面平均流速（m/s）；h 为断面平均水深（m）；S_v 为断面平均体积比含沙量；m 为河床淤积泥沙的密实系数，即单位体积淤积物所包含的泥沙体积；y 为河床底高程（m）；S 为断面平均含沙量（kg/m³），$S = S_v \times \rho_s$；α 为泥沙恢复饱和系数；ω 为泥沙沉降速度（m/s）；q 为断面单宽流量[m³/（s·m）]；S_* 为断面平均挟沙力（kg/m³）；Q 为断面流量；x、t 分别为距离及时间。

对沙量平衡方程进行适当变形，可得到床面变形方程。不考虑方程（3-21）中含沙量的因时变化，认为两断面进出沙量之差仅转化为河床上淤积或冲刷的沙量，因此方程（3-21）可写为

$$\frac{\partial (UhS_v)}{\partial x} + m\frac{\partial y}{\partial t} = 0$$

$$\frac{\partial (B\rho_s UhS_v)}{\partial x} + B\rho_s m\frac{\partial y}{\partial t} = 0$$

$$\frac{\partial (QS)}{\partial x} + \gamma' B\frac{\partial y}{\partial t} = 0$$

$$q\frac{\partial S}{\partial x}+\gamma'\frac{\partial y}{\partial t}=0$$

$$\frac{\partial S}{\partial x}=\frac{-\gamma'}{q}\frac{\partial y}{\partial t}$$

结合方程（3-22）可得

$$\gamma'\frac{\partial y}{\partial t}=\alpha\omega\big(S-S_*\big) \tag{3-24}$$

式中，$\gamma'=m\rho_s$ 为泥沙干容重（kg/m³）。式（3-24）即为常用的河床变形方程。

3.3.2　泥沙模型求解

在实际的河流运动中，泥沙都是非均匀沙，由于这样的泥沙在运动过程中不断地与床沙进行交换，无论是悬移质还是床沙质，其级配都在不停地变化，交换不仅影响泥沙冲淤总量，更影响泥沙冲淤的沿程分布。因此，在水沙数学模型中考虑泥沙的非均匀性是非常重要的[68]。一维非均匀输沙模型在一定程度上很好地解决了非均匀沙的运动规律问题，并且在实际工程中也得到了大量的运用。下面简要介绍悬移质非均匀输沙模型的基本原理。

对于沙量平衡方程（3-22），可改写为以下形式：

$$\frac{\mathrm{d}\big(S-S_*\big)}{\mathrm{d}x}=-\alpha\frac{\omega}{q}\big(S-S_*\big)-\frac{\mathrm{d}S_*}{\mathrm{d}x} \tag{3-25}$$

式（3-25）属于一阶线性常微分方程，可以求得其通解：

$$S-S_*=\mathrm{e}^{-\int\alpha\frac{\omega}{q}\mathrm{d}x}\left(\int-\frac{\mathrm{d}S_*}{\mathrm{d}x}\mathrm{e}^{\int\alpha\frac{\omega}{q}\mathrm{d}x}\,\mathrm{d}x+C\right) \tag{3-26}$$

式中，C 为积分常数，在不考虑 ω 随 x 变化的条件下，可通过取 $x=0$ 的边界条件求得，由此得到的特解为

$$S-S_*=\big(S_0-S_{0*}\big)\mathrm{e}^{-\frac{\alpha\omega L}{q}}-\mathrm{e}^{-\frac{\alpha\omega L}{q}}\int_0^L\mathrm{e}^{\frac{\alpha\omega L}{q}}\frac{\mathrm{d}S_*}{\mathrm{d}x}\mathrm{d}x \tag{3-27}$$

式中，S_0、S_{0*} 分别为进口断面的含沙量和挟沙力；S、S_* 分别为出口断面的含沙量和挟沙力；L 为积分河段长度。

由式（3-27）可知，要进一步加以积分，必须先计算 $\mathrm{d}S_*/\mathrm{d}x$。如果假定 $\mathrm{d}S_*/\mathrm{d}x$ 为一常数，即水流挟沙力沿程直线变化，则式（3-27）可积分。为此假定

$$\frac{\mathrm{d}S_*}{\mathrm{d}x}=-\frac{S_{0*}-S_*}{L} \tag{3-28}$$

将其代入式（3-27），积分后可得

$$S=S_*+\big(S_0-S_{0*}\big)\mathrm{e}^{-\frac{\alpha\omega L}{q}}+\big(S_{0*}-S_*\big)\frac{q}{\alpha\omega L}\left(1-\mathrm{e}^{-\frac{\alpha\omega L}{q}}\right) \tag{3-29}$$

式中，$q/\omega=l$ 表示泥沙在层流中由水面落到河底的距离。这样，式（3-29）又可写成

$$S=S_* + \left(S_0 - S_{0*}\right)\mathrm{e}^{-\frac{\alpha L}{l}} + \left(S_{0*} - S_*\right)\frac{l}{\alpha L}\left(1 - \mathrm{e}^{-\frac{\alpha L}{l}}\right) \tag{3-30}$$

式（3-30）即为均匀沙含沙量沿程变化的计算公式。该公式是在水流挟沙力 S_* 沿程直线变化的条件下获得的。从式（3-30）可以看出，出口断面的含沙量 S 取决于进口断面的含沙量 S_0、进口断面的水流挟沙力 S_{0*}、出口断面的水流挟沙力 S_* 及河段的相对长度 L/l 和泥沙恢复饱和系数 α [52, 53]。

式（3-30）仅适用于均匀沙，这是因为该式在积分的过程中，ω 被作为常数处理。将该式推广应用于非均匀沙时，则应计算分组含沙量的沿程变化，即

$$S_i = S_{*i} + \left(S_{0i} - S_{0*i}\right)\mathrm{e}^{-\frac{\alpha L}{l_i}} + \left(S_{0*i} - S_{*i}\right)\frac{l_i}{\alpha L}\left(1 - \mathrm{e}^{-\frac{\alpha L}{l_i}}\right) \tag{3-31}$$

根据各组泥沙的质量百分比 p_i 的含义，并假设水流挟沙力级配 p_{i*} 等于悬移质级配 p_i，则应有

$$S_i = p_i S \qquad (i=1, 2, \cdots, n)$$

$$S_{*i} = p_{i*}S_* = p_i S_* \qquad (i=1, 2, \cdots, n)$$

据此，对式（3-31）进行求和，即可得到非均匀沙总含沙量的沿程变化，即

$$\begin{aligned}
S = S_* + \left(S_0 - S_{0*}\right)\sum_{i=1}^{n} p_{0i}\mathrm{e}^{-\frac{\alpha L}{l_i}} + S_{0*}\sum_{i=1}^{n} p_{0i}\frac{l_i}{\alpha L}\left(1 - \mathrm{e}^{-\frac{\alpha L}{l_i}}\right) \\
- S_*\sum_{i=1}^{n} p_i \frac{l_i}{\alpha L}\left(1 - \mathrm{e}^{-\frac{\alpha L}{l_i}}\right)
\end{aligned} \tag{3-32}$$

式中，p_{0i}、p_i 分别为进口、出口断面第 i 粒径组泥沙的质量百分比，其余符号同前。其中，S_{0*}、S_* 分别为进口、出口断面非均匀沙的水流挟沙力。

对于水流挟沙力计算，选用张瑞瑾公式，即 $S_*=K\left(U^3/gh\omega\right)^m$，其中 K、m 为经验系数，ω 为泥沙沉速。

对于非均匀沙平均沉速 ω 的计算，可以采用以下方法。设想将单位体积挟沙水流中各粒径组泥沙分别集中，并将此单位水体分成与粒径组组数相当的几个部分，每一部分水体刚好能挟带一个粒径组的泥沙，则所挟带的泥沙为均匀沙。就第 i 粒径组来说，应存在如下关系：

$$S_{*i} = p_i S_* = K_i S_{(\omega i)*} \tag{3-33}$$

式中，S_{*i} 为第 i 粒径组非均匀沙的水流挟沙力；$S_{(\omega i)*}$ 为同组均匀沙的水流挟沙力；K_i 为输送第 i 粒径组泥沙的水量百分比。在一般情况下 $K_i \neq p_i$。将式（3-33）改写成

$$K_i = S_* \frac{p_i}{S_{(\omega i)*}} \tag{3-34}$$

对 K_i 求和，因 $\sum\limits_{i=1}^{n}K_i=1$ ，则得

$$S_*=\cfrac{1}{\sum\limits_{i=1}^{n}\cfrac{p_i}{S_{(\omega i)*}}} \qquad (3\text{-}35)$$

这就是非均匀沙的水流挟沙力 S_* 与均匀沙的水流挟沙力 $S_{(\omega i)*}$ 的关系式。取

$$S_{(\omega i)*}=K\left(\cfrac{U^3}{gh\omega_i}\right)^m$$

将其代入式（3-35），得

$$S_*=K\left(\cfrac{U^3}{gh\omega}\right)^m=\cfrac{1}{\sum\limits_{i=1}^{n}\cfrac{p_i}{K\left(\cfrac{U^3}{gh\omega_i}\right)^m}}=K\left(\cfrac{U^3}{gh}\right)^m\cfrac{1}{\sum\limits_{i=1}^{n}p_i\omega_i^m} \qquad (3\text{-}36)$$

故

$$\omega=\left(\sum_{i=1}^{n}p_i\omega_i^m\right)^{\frac{1}{m}} \qquad (3\text{-}37)$$

3.3.2.1　悬移质级配的沿程变化

式（3-32）中，除出口断面的含沙量 S 外，还有一组未知数 p_i ，即出口断面的悬移质级配。S_* 在已知水力因素条件下，也同样与 p_i 有关，不算独立的未知数。因此，要求解方程（3-32），还须同时解决悬移质级配的沿程变化问题。下面从三个方面进行分析。

1. 淤积过程中悬移质级配的变化

将悬移质级配分成各级粒径组，并假定各组泥沙独自保持平衡而不相互影响，则方程（3-22）可推广应用于各组泥沙，有

$$\frac{\partial S_i}{\partial x}=-\frac{\alpha\omega_i}{q}\left(S_i-S_{*i}\right) \qquad (3\text{-}38)$$

因为 $S_i=Sp_i$ ， $S_{*i}=S_*p_i$ ，乘以河宽 B 后，可得

$$\frac{\partial G_{si}}{\partial x}=-\alpha B\omega_i p_i\left(S-S_*\right) \qquad (3\text{-}39)$$

对各组粒径求和，得

$$\frac{\partial G_s}{\partial x}=-\alpha B\sum_{i=1}^{n}p_i\omega_i\left(S-S_*\right) \qquad (3\text{-}40)$$

式中， G_{si} 为第 i 粒径组的输沙率； G_s 为总输沙率；其余符号同前。取 $\omega=\sum\limits_{i=1}^{n}p_i\omega_i$ ，

$p_i = G_{si}/G_s$ ，可得

$$\frac{\partial G_{si}}{\partial G_s} = \frac{\omega_i}{\omega}\frac{G_{si}}{G_s}$$

在 G_{s0} 至 G_s 间积分，即

$$\int_{G_{s0i}}^{G_{si}} \frac{\partial G_{si}}{G_{si}} = \omega_i \int_{G_{s0}}^{G_s} \frac{\partial G_{si}}{\omega G_s}$$

由于平均沉速 ω 是随 G_s 而变的隐函数，上式的积分值不能直接得出。利用积分中值定理，使 ω 取 G_{s0} 至 G_s 之间的某个中值 ω_{zh} ，则上式可变为

$$G_{si} = G_{s0i}\left(\frac{G_s}{G_{s0}}\right)^{\frac{\omega_i}{\omega_{zh}}} \tag{3-41}$$

考虑到 $p_{0i} = G_{s0i}/G_{s0}$ ，同时引入淤积百分数 λ ：

$$\lambda = \frac{G_{s0} - G_s}{G_{s0}} = \frac{S_0 - S}{S_0} \tag{3-42}$$

则式（3-42）可以改变为

$$p_i = p_{0i}\frac{(1-\lambda)^{\frac{\omega_i}{\omega_{zh}}}}{1-\lambda} \qquad (i=1,\ 2\cdots n) \tag{3-43}$$

对式（3-43）求和，应有

$$\sum_{i=1}^n p_i = \frac{\displaystyle\sum_{i=1}^n p_{0i}(1-\lambda)^{\frac{\omega_i}{\omega_{zh}}}}{1-\lambda}$$

由于 $\displaystyle\sum_{i=1}^n p_i = 1$ ，得

$$\frac{\displaystyle\sum_{i=1}^n p_{0i}(1-\lambda)^{\frac{\omega_i}{\omega_{zh}}}}{1-\lambda} = 1 \tag{3-44}$$

当已知淤积百分数 λ 和进口断面悬移质级配 p_{0i} 后，由式（3-44）通过试算确定 ω_{zh} ，进而利用式（3-43）求得出口断面的悬移质级配 p_i 。

从式（3-43）可以看出，出口断面悬移质级配 p_i 取决于进口断面悬移质级配 p_{0i} 、淤积的有效沉速 ω_{zh} 、本组粒径的沉速 ω_i 和淤积百分数 λ 。

基于式（3-43）及式（3-44）对实测资料进行验证，结果表明有一定程度的误差。为使二式和实测资料更加符合，修正成如下形式：

$$p_i = p_{0i}\frac{(1-\lambda)^{\left(\frac{\omega_i}{\omega_{zh}}\right)^\beta}}{1-\lambda} \tag{3-45}$$

及

$$\frac{\displaystyle\sum_{i=1}^{n} p_{0i}(1-\lambda)\left(\frac{\omega_i}{\omega_{zh}}\right)^{\beta}}{1-\lambda}=1 \qquad (3\text{-}46)$$

式中，β 是小于 1 的修正指数，根据一些实测资料，对于沉沙条渠、河道型水库和天然河道采用 0.75，对于湖泊型水库和胃状放淤区采用 0.5[69]。

2. 冲刷过程中补给悬移质级配的变化

在冲刷过程中，悬移质将从床沙中取得补给，因而级配将发生变化。为了确定冲刷过程中悬移质级配的变化，必须确定补给部分悬移质的级配。

设以 ΔW_i 表示补给悬移质中第 i 粒径组在 Δt 时段内的分组输沙量，以 ΔW 表示相应的总输沙量，则 $\Delta W_i / \Delta W$ 即表示时段 Δt 中补给悬移质含沙量第 i 组级配的百分比。在后面的公式推导中得到悬移质级配 p_i 与床沙级配 R_i 之间的关系，当淤积趋于零时为

$$p_i = \left(\frac{\omega}{\omega_i}\right)^{\beta} R_i \qquad (3\text{-}47)$$

式中，ω 为床沙的平均沉速。

将式（3-47）近似地引申到补给悬移质级配与床沙级配的瞬时关系上，得

$$\frac{\Delta W_i}{\Delta W} = \left(\frac{\omega}{\omega_i}\right)^{\beta} R_i \qquad (3\text{-}48)$$

这一公式反映了冲刷时细颗粒冲起多、粗颗粒冲起少的一般规律。

此外，设 V、V_i 分别表示冲刷开始时河段内参与冲刷的床沙质量及相应的第 i 粒径组的质量；W、W_i 分别表示河段内从河床上冲起的补给泥沙质量及相应的第 i 粒径组的质量，则冲刷后床沙级配应为

$$R_i = \frac{V_i - W_i}{V - W} \qquad (3\text{-}49)$$

将式（3-49）代入式（3-48），并令 $\Delta W \to 0$，则有

$$\frac{\mathrm{d}W_i}{\mathrm{d}W} = \left(\frac{\omega}{\omega_i}\right)^{\beta} \frac{V_i - W_i}{V - W}$$

在 $W=0$ 至 $W=W$ 间积分上式，并引进床沙平均沉速在区间 $(V, V-W)$ 的某一个中值 ω_{zh}，则得

$$\frac{V_i - W_i}{V_i} = \left(\frac{V - W}{V}\right)^{\left(\frac{\omega_{zh}}{\omega_i}\right)^{\beta}} \qquad (3\text{-}50)$$

考虑到 V_i/V 为冲刷开始时床沙级配 R_{0i}，W_i/W 为冲起的补给悬移质的平均级配 p_i^*，W/V 为冲刷百分数 λ^*，则应有

$$\frac{V_i - W_i}{V_i} = 1 - \frac{W_i}{W}\frac{W}{V}\frac{V}{V_i} = 1 - \frac{p_i^* \lambda^*}{R_{0i}}$$

$$\frac{V - W}{V} = 1 - \lambda^*$$

将上述关系代入式（3-50），得

$$p_i^* = R_{0i}\frac{1 - \left(1 - \lambda^*\right)^{\left(\frac{\omega_{zh}}{\omega_i}\right)^\beta}}{\lambda^*} \tag{3-51}$$

式（3-51）即为冲刷过程中不同 λ^* 的补给悬移质级配的变化规律。式中，λ^* 可理解为冲刷厚度 Δh 与参与交换的床沙有效深度 h 之比。根据对黄河冲刷资料的分析，认为参与交换的有效深度可采用 $\Delta h + 1$，则 $\lambda^* = \Delta h / \left(\Delta h + 1\right)$。

上述分析表明，当 $\lambda^* \to 0$ 时，$p_i^* = \left(\omega_{zh} / \omega_i\right)^\beta R_{0i}$，这与开始推导时的假定是一致的；当 $\lambda^* = 1$ 时，即床沙全部被冲起，补给悬移质级配即为床沙级配；当 λ^* 由 0 至 1 变化时，补给悬移质级配将越来越粗。其中，ω_{zh} 由 $\sum_{i=1}^{n} p_i^* = 1$ 的条件确定，即

$$\sum_{i=1}^{n} R_{0i}\frac{1 - \left(1 - \lambda^*\right)^{\left(\frac{\omega_{zh}}{\omega_i}\right)^\beta}}{\lambda^*} = 1 \tag{3-52}$$

3. 冲刷过程中悬移质级配的变化

近似假定由进口断面进入的悬移质级配在计算时段和河段内是不变的，则冲刷过程中出口断面的悬移质级配应由进口断面的悬移质级配与补给的悬移质级配相加得到，因此可得

$$s_i = s_{0i} + s_i^*$$

$$sp_i = s_0 p_{0i} + s^* p_i^*$$

$$p_i = \frac{s_0}{s}p_{0i} + \frac{s^*}{s}p_i^* \tag{3-53}$$

式中，s^* 为从河床上冲起的补给含沙量。考虑到 $s^* = s - s_0$，$\lambda = \left(s_0 - s\right)/s_0$，有

$$\frac{s_0}{s} = \frac{1}{1 - \lambda}$$

$$\frac{s^*}{s} = \frac{s - s_0}{s} = \frac{-\lambda}{1 - \lambda}$$

将上述关系代入式（3-53），得

$$p_i = \frac{p_{0i} - \lambda p_i^*}{1 - \lambda} \tag{3-54}$$

将式（3-53）代入式（3-52），得

$$p_i = \frac{1}{1-\lambda}\left\{ p_{0i} - \frac{\lambda}{\lambda^*} R_{0i}\left[1 - \left(1-\lambda^*\right)^{\left(\frac{\omega_{zh}}{\omega_i}\right)^\beta} \right] \right\} \tag{3-55}$$

式（3-55）即为冲刷过程中悬移质级配的变化规律。

冲刷百分数 λ^* 也可改写成如下形式：

$$\lambda^* = \frac{\Delta h}{\Delta h + 1} = \frac{Q(s-s_0)\Delta t}{Q(s-s_0)\Delta t + B_k \Delta x \gamma'} \tag{3-56}$$

式中，Q 为冲刷期间的平均流量；Δt 为冲刷历时；B_k 为冲刷的平均宽度；Δx 为河段长度；γ' 为泥沙的干容重。

3.3.2.2　床沙级配的沿程变化

为了计算非均匀沙的水流挟沙力，除了确定悬移质级配沿程变化的规律，还要确定床沙级配的沿程变化规律。此外，冲刷过程中的悬移质级配，以及淤积和冲刷过程中泥沙的容重和床沙糙率，也与床沙级配有关，因此，还需进一步解决床沙级配的变化问题。

1. 淤积过程中床沙级配的变化

在淤积过程中，床沙级配即淤积物级配。以 V_i、V 分别表示 Δt 时段内第 i 粒径组泥沙在河段内的淤积量和相应的总淤积量，则根据输沙平衡原理可得

$$V_i = (s_{0i} - s_i)Q\Delta t \tag{3-57}$$

$$V = (s_0 - s)Q\Delta t \tag{3-58}$$

两式相除，得

$$R_i = \frac{V_i}{V} = \frac{s_{0i}}{s_0-s} - \frac{s_i}{s_0-s} \tag{3-59}$$

引入 λ、p_i 及 p_{0i}，并略加变换，式（3-59）变为

$$R_i = \frac{p_{0i} - (1-\lambda)p_i}{\lambda} \tag{3-60}$$

将式（3-62）代入，得

$$R_i = \frac{p_{0i}}{\lambda}\left[1 - (1-\lambda)\left(\frac{\omega_i}{\omega_{zh}}\right)^\beta \right] \tag{3-61}$$

2. 冲刷过程中床沙级配的变化

根据前面对冲刷过程中补给悬移质级配变化的分析，可得

$$\frac{V_i - W_i}{V_i} = \frac{V_i - W_i}{V - W_i}\frac{V - W_i}{V}\frac{V}{V_i} = \frac{R_i(1-\lambda^*)}{R_{0i}}$$

$$\left(\frac{V-W}{V}\right)^{\left(\frac{\omega_{zh}}{\omega_i}\right)^{\beta}} = \left(1-\lambda^*\right)^{\left(\frac{\omega_{zh}}{\omega_i}\right)^{\beta}} = \frac{R_i\left(1-\lambda^*\right)}{R_{0i}}$$

于是得

$$R_i = R_{0i}\frac{\left(1-\lambda^*\right)^{\left(\frac{\omega_{zh}}{\omega_i}\right)^{\beta}}}{1-\lambda^*} \tag{3-62}$$

式（3-62）即冲刷过程中床沙级配的变化规律。其中，ω_{zh} 由下式确定：

$$\frac{\sum_{i=1}^{n}R_{0i}\left(1-\lambda^*\right)^{\left(\frac{\omega_{zh}}{\omega_i}\right)^{\beta}}}{1-\lambda^*} = 1 \tag{3-63}$$

式（3-63）表明，冲刷过程中的床沙级配 R_i 取决于初始床沙级配 R_{0i}、该粒径组沉速 ω_i、冲刷的有效沉速 ω_{zh} 及冲刷百分数 λ^*。可以看出，对于粗颗粒，$\left(\omega_{zh}/\omega_i\right)^{\beta}<1$，$R_i>R_{0i}$；对于细颗粒，$\left(\omega_{zh}/\omega_i\right)^{\beta}>1$，$R_i<R_{0i}$，说明冲刷过程中床沙级配粗化了。

3.3.2.3 汊点分沙模式

非均匀悬移质泥沙数学模型可对单一河道进行计算，对于河网的分汊河道，还需要考虑汊点分沙模式。对于汊点来说，除了要满足汊点的流量、动力衔接方程，还要满足汊点的输沙平衡方程，即进出每一汊点的输沙量必须与该汊点的泥沙冲淤变化情况一致[36]，有

$$\sum_{i=1}^{L(n)}Q_iS_i = \sum_{j=1}^{M(n)}Q_jS_j + \gamma'A_n\frac{\partial Z_{bn}}{\partial t}, \quad n=1,\ 2,\ 3\cdots N \tag{3-64}$$

式中，N 为河网汊点总数；$L(n)$ 为与汊点 n 相连接的入流河段总数；$M(n)$ 为与汊点 n 相连接的出流河段总数；Z_{bn} 为第 n 汊点悬移质引起的汊点河床冲淤厚度；A_n 为汊点 n 的平面面积。

在计算中，可根据实际情况将汊点视为蓄水汊点或概化点，若汊点为蓄水汊点，则 A_n 不为 0 值，若汊点为概化点，则 A_n 可作为 0 值处理，此时式（3-64）可改为

$$\sum_{i=1}^{L(n)}Q_iS_i = \sum_{j=1}^{M(n)}Q_jS_j, \quad n=1,\ 2,\ 3\cdots N \tag{3-65}$$

汊点分沙模式如果不合理，将难以保证进入主流、支汊的泥沙量是正确的，具体的数值过程为：若某一支流分沙模拟偏大，泥沙落淤，河床抬高，使得该支流过流能力减小，河道持续淤积，而与该汊点连接的另一支流分沙模拟偏小，河床冲刷，分流增大，进而导致模拟失真。因此，汊点分沙模式对河网水沙计算精度尤为关键。

采用方红卫等[36]的汊点分沙模式，即利用水流挟沙力确定各个支流的含沙量，某支流含沙量与该支流的水流挟沙力存在如下关系：

$$S_1 : S_2 : \cdots : S_j = S_{*1} : S_{*2} : \cdots : S_{*j} \tag{3-66}$$

式中，S_1、S_2、$S_3 \cdots S_j$ 为各出口断面的含沙量；S_{*1}、S_{*2}、$S_{*3} \cdots S_{*j}$ 为各出口断面的水流挟沙力。在每一个汊点处，均存在一个比例常数 K，使得

$$S_j = KS_{*j} \tag{3-67}$$

结合汊点输沙平衡方程，即可求得各个出口断面的含沙量，该方法简单方便，避免了由于缺少汊点详细资料而无法计算分沙比的缺点。

3.3.2.4　河网泥沙数学模型计算流程

将以上介绍的公式应用到河网泥沙数学模型中，具体的求解过程如下。

1. 判别冲淤

判别冲淤首先需要计算出口断面含沙量 S，但 S 须通过迭代试算确定。为了避免复杂的计算，采用以下方法：先近似不考虑悬移质级配的变化，即初始假设 $p_i \approx p_{0i}$，按式（3-36）计算 S_*，再由式（3-32）计算 S，按以下关系判别冲淤：$S < 0.995S_0$ 为淤积过程；$S > 1.055S_0$ 为冲刷过程；$0.995S_0 \leqslant S \leqslant 1.055S_0$ 为冲淤平衡。

2. 淤积过程含沙量及级配的计算

（a）计算分选曲线，即对于不同的淤积百分数 λ，计算各粒径组的级配百分数 p_i 及 ω 值，为之后计算含沙量及级配做准备。可假定不同的 λ，由式（3-44）、式（3-37）逐步算得 p_i 和 ω 值。

（b）计算出口断面含沙量及级配。采用试算法，先假定出口断面含沙量 S，根据（a）中计算成果，确定 p_i 及 ω，再利用式（3-36）、式（3-32）计算 S，如与初始假定值不符，则继续试算，直至在规定误差范围内。

（c）按式（3-60）计算淤积过程中的床沙级配。

3. 冲刷过程含沙量及级配的计算

（a）计算冲刷百分数 λ_*。假设出口断面含沙量 S，按式（3-55）计算 λ_*。

（b）计算补给悬移质级配 p_i^*。由式（3-51）计算中值沉速 ω_{zh}，由式（3-50）计算 p_i^*。

（c）计算冲刷过程中悬移质级配 p_i。由式（3-41）计算淤积百分数 λ，由式（3-53）计算 p_i。

（d）计算冲刷过程含沙量 S。由式（3-36）计算 S_*，再由式（3-32）计算出口断面含沙量 S，若计算出的 S 与初始假设 S 不符，则继续试算，直至在规定误差范围内。

（e）计算床沙级配 R_i。由式（3-62）计算中值沉速 ω_{zh}，再由式（3-61）计算 R_i。

4. 冲淤量计算

以上计算步骤执行结束后，进行冲淤量计算与断面形态的调整。由式（3-24）离散可得

$$\Delta A = \frac{B\alpha\omega(S-S_*)\Delta t}{\gamma'}$$ （3-68）

式中，ΔA 为该河段内淤积或冲刷的面积，正值为淤积，负值为冲刷；B 为断面平均宽度；S、S_* 分别为出口断面的含沙量与水流挟沙力；Δt 为计算时间步长；γ' 为泥沙淤积干容重。

3.4 本 章 小 结

河网水流数学模型的基本方程为圣维南方程组，对圣维南方程组的求解采用普列斯曼四点偏心隐式差分法，对汊点衔接方程与离散后的圣维南方程组所构成的稀疏矩阵，采用直接消元求解方法进行求解；针对简单的河网水流数学模型进行验证，计算结果较为理想。

河网泥沙数学模型的基本方程为泥沙连续性方程、沙量平衡方程及水流挟沙力方程，在直河段内基于非均匀不饱和输沙理论进行求解，汊点处采用方红卫等[36]的汊点分沙模式进行计算。

第4章 河网水沙数学模型

本章首先明确模拟计算范围,然后针对模型,探讨一些关键问题的处理方法,在此基础上改进程序,并进而利用实测资料对模型进行率定和验证,从而在研究区域内建立河网水沙数学模型。

4.1 模型计算范围

图 4-1 为模型计算范围示意图。本书建立的黄河中游河网水沙数学模型包含渭河及北洛河两条支流,共两个汊点。干流黄河河段范围上至龙门站,下至三门峡站;支流渭河河段范围上至华县站,下至潼关站;支流北洛河河段范围上至状头站,下至华阴站。下面简要介绍渭河及北洛河两条支流。

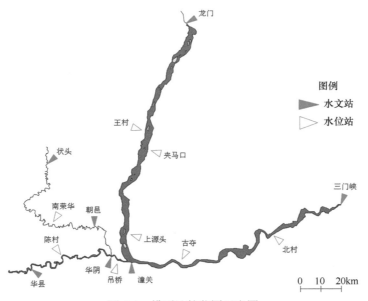

图 4-1 模型计算范围示意图

渭河是黄河的第一大支流,干流全长约 818km,流域面积约为 13.48 万 km²,多年平均径流量为 80.6 亿 m³,多年平均输沙量为 3.86 亿 t[70]。渭河下游自咸阳铁桥至潼关,全长约为 208km,可分为游荡型河道、过渡型河道和弯曲型河道。其中,游荡型河道自咸阳铁桥至耿镇桥,河段长约 37km,河宽 1200～1500m,平均比降约为 0.65‰;过渡型河道自耿镇桥至赤水河,河段长约 63km,河宽 1000～3000m,比降为 0.5‰～0.14‰;弯曲型河道自赤水河以下,河宽 2000～3300m,比降为 0.14‰～0.07‰[71]。渭河下游受到黄河干流的影响,尤其是三门峡水库建成运用以后,渭河下游发生溯源淤积,河床不断抬高，形成地上悬河。

北洛河是渭河的一级支流，也是渭河的第二大支流，发源于陕西省定边县白于山南麓的魏梁山，于华阴附近汇入渭河，北洛河干流总长约 680.3km，流域面积约为 26 905km²，平均比降为 1.5‰[72]。北洛河下游自状头至渭河入河口段，全长约 132.5km，该河段主要为弯曲型河道，滩槽分明，是三门峡水库的淹没区和影响区[73]。

4.2 关键问题处理

4.2.1 断面概化

自然界中的河道断面形态都是复杂多样的，如果直接采用原始断面进行计算，需要克服许多困难，有时候会导致模型中断而无法计算。因此，有必要对河道实际断面进行概化。

根据黄河小北干流、潼关以下库区河段、渭河下游、北洛河下游河道的断面形态特点，将河道实测大断面划分为若干子断面，子断面的宽度固定不变，而河底高程在子断面内概化为线性，子断面内的冲淤变化主要体现在子断面节点高程的变化，节点高程的变化通过相邻两断面的冲淤量加权计算而来。在计算断面过水面积时，将子断面概化为梯形，通过梯形面积的累加得到该断面的过水面积[74]。以 2007 年黄淤 2 断面为例，其断面概化示意图如图 4-2 所示。

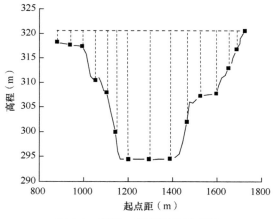

图 4-2 黄淤 2 断面概化示意图

4.2.2 糙率确定

河道的糙率与河道形态、床面粗糙情况、河道冲淤等各种因素有关[75]。对河道糙率的研究很多，所提出的公式也多种多样，但目前尚无能够统一应用于各条河流的公式。

李义天和谢鉴衡[76]通过整理实测资料，认为横断面上糙率沿河宽变化的一般规律为近岸区的糙率大于中央流区、凹岸糙率大于凸岸糙率，并提出了以下计算糙率的公式：

$$n = \frac{n_0}{f(\eta)}\left(\frac{J}{J_0}\right)^{1/2} \tag{4-1}$$

式中，n_0 为断面综合糙率；n 为二维糙率；J_0 为一维比降；J 为二维比降；$\eta = y/B$，其中 y 为横向坐标，B 为河宽；$f(\eta)$ 为经验函数。

巨胜利等[77]通过理论分析认为，对于同一河段，高水位水流裁弯走直，阻力减小，而低水位河床阻力增大，因此河床阻力可以用随流量变化的曼宁系数定义：

$$n = \frac{R^{2/3}}{U}\left[-\frac{\partial}{\partial x}\left(\frac{U^2}{2g} + z\right)\right] \tag{4-2}$$

式中，n 是河段的曼宁系数；z 为水位高程；U 为断面平均流速；R 为水力半径；x 是方向指向下游的距离坐标。

三门峡库区河床为动床，床面阻力主要由沙粒阻力组成，随着河道冲淤不断变化，当河道发生淤积时，床沙细化，床面阻力减小，当河道发生冲刷时，床沙粗化，床面阻力增大，因此需要考虑糙率随冲淤的变化。对此，采用梁国亭等[6]的观点对糙率随时间的变化进行计算。

$n_0 \sim Q$ 为床面初始糙率与流量的关系，假设在 t 时段糙率与流量的关系为 $n_t \sim Q$，经过 Δt 时间，河段的冲淤量为 ΔW_s，则河段在 $t + \Delta t$ 时刻的糙率为

$$n_{t+\Delta t} = n_t - C_n\frac{\Delta W_s}{\Delta t} \tag{4-3}$$

式中，C_n 为经验常数，取 C_n=0.1；ΔW_s 为冲淤量（亿 m³），淤积为正，冲刷为负；Δt 为时间（d）。在实际计算时，对 $t+\Delta t$ 时刻糙率变化范围的限制为

$$n_{t+\Delta t} = \begin{cases} 0.5n_0 & n_{t+\Delta t} < 0.5n_0 \\ 1.5n_0 & n_{t+\Delta t} > 1.5n_0 \end{cases} \tag{4-4}$$

河网各河段的初始糙率根据后续的率定工作来确定。

4.2.3 急流处理

在计算长河段水流时，断面形态十分复杂，在底坡陡峻、水流湍急的峡谷地带有可能会出现急变流。在急流区圣维南方程组和差分方式将不再适用，要使计算能够连续，必须采用其他方式解决。

在具体计算中，首先要判断流态，判定断面的流态是急流还是缓流。一般采用水力学原理中的临界水深 h_c 来判断，当实际水深 $H \geqslant h_c$ 时，为缓流，仍采用圣维南方程组和稀疏矩阵解法，当实际水深 $H < h_c$ 时，为急流，宜采用能量方程推求水面线，通常将急流区的水流假定为恒定水流，然后按照第 3 章介绍的水面线法推求。

4.2.4 泥沙颗粒沉速修正

实际河流水沙中，泥沙沉速受到含沙量及颗粒级配的影响。含沙量对泥沙沉速的影

响主要在于含沙水流的黏滞系数，含沙量越高，含沙水流的黏滞系数越大，泥沙沉速越小[28]。对于非均匀分组泥沙沉速的计算，则是在单颗粒泥沙在清水中的沉速公式基础上通过两次修正得到。除了考虑泥沙存在对含沙水流密度和黏滞性的影响，将单颗粒泥沙在清水中的沉速公式中的容重和黏滞系数分别换成浑水中的容重和黏滞系数，还要考虑群体泥沙沉速中颗粒间的相互阻尼作用，需要对单颗粒泥沙在浑水中的沉速做一个二次修正，最终可得到非均匀沙分组泥沙在浑水中的沉速公式[28]。

对于高含沙水流，必须考虑水流中含沙量和颗粒组成对沉速的影响。目前对于泥沙沉速的修正主要有两种。

第一种为理查森和扎基公式[78]：

$$\frac{\omega_i}{\omega_{i0}} = \left(1 - S_v\right)^m \tag{4-5}$$

式中，ω_i 为第 i 组泥沙在浑水中的沉速；ω_{i0} 为第 i 组泥沙在清水中的沉速；S_v 为体积比含沙量；m 为待定系数。

第二种为费祥俊公式[79]：

$$S_{vm} = 0.92 - 0.2\lg\sum_{i=1}^{N}\frac{p_i}{D_i} \tag{4-6}$$

$$C_\mu = 1 + 2.0\left(\frac{S_v}{S_{vm}}\right)^{0.3}\left(1 - \frac{S_v}{S_{vm}}\right)^4 \tag{4-7}$$

$$\mu_m = \mu_0\left(1 - C_\mu\frac{S_v}{S_{vm}}\right)^{-2.5} \tag{4-8}$$

$$\omega_i = \frac{\sqrt{10.99D_i^3 + 36\left(\frac{\mu_m}{\rho_m}\right)^2} - 6\frac{\mu_m}{\rho_m}}{D_i} \tag{4-9}$$

式中，ω_i 为第 i 组泥沙在浑水中的沉速；D_i 为第 i 组泥沙的中值粒径；p_i 为第 i 组泥沙的百分比；C_μ 为浓度的修正系数；μ_m 为浑水的黏滞系数；μ_0 为清水的黏滞系数；S_v 为体积比含沙量；S_{vm} 为体积比极限含沙量；ρ_m 为浑水密度。

由式（4-5）和式（4-9）的对比可以看出，式（4-5）仅考虑了含沙量对泥沙沉速的影响，而式（4-9）同时考虑了含沙量和泥沙颗粒组成对泥沙沉速的影响。因此式（4-9）更贴近高含沙水流的泥沙沉速，因此本书采用费祥俊公式[79]计算泥沙沉速。

4.2.5 淤积干容重修正

γ' 为泥沙淤积干容重，是转化淤积物质量和体积的重要指标[36]，该物理量较大地影响了泥沙数学模型的计算精度。

对泥沙淤积干容重问题的研究，主要集中在两方面：淤积初期干容重以及固结密实问题。Lane[80]根据收集到的 1300 多座水库的淤积干容重实测资料，利用回归分析的方法建立了混合沙淤积物初期干容重 γ_0' 的计算公式：

$$\gamma_0' = a_c P_{1,c} + a_m P_{1,m} + a_s P_{1,s} \tag{4-10}$$

式中，$P_{1,c}$、$P_{1,m}$、$P_{1,s}$ 分别为黏土（$D \leq 0.004\text{mm}$）、粉土（$0.004\text{mm} < D \leq 0.062\text{mm}$）、砂土（$D > 0.062\text{mm}$）的质量百分数（级配）；$a_c$、$a_m$、$a_s$ 分别为相应的系数，与淤积物暴露情况等有关，具体取值见表 4-1。

表 4-1　水库不同淤积物暴露情况下系数取值示例

淤积物暴露情况	a_c	a_m	a_s
经常淹没	0.417	1.123	1.558
有时淹没，有时暴露	0.562	1.140	1.558
经常空库	0.643	1.156	1.558
河槽中有泥沙	0.963	1.172	1.558

在淤积物密实度对泥沙干容重的影响上，Lane 和 Koelzer[81] 给出了泥沙干容重随时间变化的经验公式：

$$\gamma' = \gamma_1' + B \lg t \tag{4-11}$$

式中，γ_1' 为淤积物经过一年的干容重；B 为常数；t 为时间（以年计）。γ_1' 与 B 由泥沙粒径组粗细和水库运用方式决定，具体见表 4-2。

表 4-2　Lane 和 Koelzer[81]公式参数表

水库运用情况	砂土		粉土		黏土	
	γ_1'	B	γ_1'	B	γ_1'	B
经常或接近经常淹没	1.49	0	1.04	0.091	0.480	0.256
水库适当泄降	1.49	0	1.18	0.043	0.737	0.171
水库显著泄降	1.49	0	1.26	0.016	0.961	0.096
水库正常泄空	1.49	0	1.31	0	1.250	0

对于淤积物初期干容重，韩其为和何明民[82]认为它是刚淤下来不流动的淤积物干容重，而不是流动的高含沙浑水干容重，可按照以下公式计算：

当泥沙粒径为 $D \leq D_1 = 1\text{mm}$ 时，

$$\gamma' = 1.41 \left(\frac{D}{D + 4\delta_1} \right)^3 \tag{4-12}$$

当泥沙粒径为 $D > D_1 = 1\text{mm}$ 时，

$$\gamma' = 1.88 - 0.472 \exp\left(-0.095 \frac{D - D_1}{D_1} \right) \tag{4-13}$$

式中，δ_1 为薄膜水厚度，一般可取 $\delta_1 = 4 \times 10^{-7}\text{m}$。

表 4-3 列出了韩其为公式[82]中淤积初期干容重的建议取用值，供计算分析时参考。

表 4-3 韩其为公式[82]中淤积初期干容重的建议取用值

组别	粒径范围（mm）	变化范围（t/m³）	建议取用值（t/m³）
1	5～10	1.57～1.59	—
2	1～5	1.56～1.58	—
3	1～10	1.61	1.61
4	0.5～1.0	1.41～1.42	1.41
5	0.25～0.5	1.41	1.41
6	0.1～0.25	1.41～1.42	1.41
7	0.05～0.1	1.38	1.38
8	0.25～0.05	1.26～1.27	1.26
9	0.01～0.025	1.06～1.09	1.08
10	0.005～0.01	0.778～0.820	0.778
11	0.003～0.005	0.538～0.584	0.538
12	<0.003	0.272～0.299	0.299

本泥沙模型计算时间跨度小于 30 年，泥沙淤积干容重仍属于初期干容重，采用韩其为公式[82]计算初期干容重相对较为合理，因此本书泥沙干容重的计算采用韩其为公式[82]。

4.2.6 水流挟沙力修正

韩其为非均匀悬移质输沙模型中采用的水流挟沙力公式为张瑞瑾公式：

$$S_* = k\left(\frac{U^3}{gh\omega}\right)^m$$

该公式的应用范围是具有中、低含沙量的牛顿式紊流，对于高含沙宾汉流体运动情况，该公式的计算结果就会有较大偏差[83]。

对于黄河流域的高含沙流体，由于泥沙颗粒细且含沙量高，在一定程度上改变了挟沙水流的流变、流动和输沙特性，使黄河水流挟沙问题变得比较复杂。

一方面，受到水流紊动扩散作用，泥沙可以悬浮和输移；另一方面，泥沙条件包括含沙量、颗粒组成、床沙级配等也会对高含沙水流的挟沙力产生较大的影响[84]。针对黄河流域高含沙水流的复杂情况，曹如轩[85]提出以下水流挟沙力修正公式：

$$S_* = k\left(\frac{\gamma_m}{\gamma_s - \gamma_m}\frac{U^3}{gR\omega}\right)^m \tag{4-14}$$

式中，k、m 为待定系数，由实测资料率定；γ_m、γ_s 分别为浑水和泥沙的容重；U、R 分别为断面平均流速和水力半径；ω 为断面混合沙平均沉速。

式（4-14）考虑了水流密度变化以及黏度的影响，在计算高含沙水流挟沙力时具有一定的精度，因此以式（4-14）替代张瑞瑾公式来计算水流挟沙力。

式（4-14）同样适用于各个子断面，子断面的水流挟沙力公式为

$$S_{*,j} = k\left(\frac{\gamma_m}{\gamma_s - \gamma_m}\frac{U_j^3}{gR_j\omega_j}\right)^m \tag{4-15}$$

式中，$S_{*,j}$ 为子断面上混合沙的总水流挟沙力；k、m 为待定系数；U_j、R_j 分别为子断面的平均流速和水力半径；ω_j 为子断面的平均沉速。

根据梁国亭等[6]对三门峡库区水流挟沙力实测资料的线性回归分析，回归系数 k、m 分别为 0.52 和 0.81，相关系数为 0.91。

4.2.7 恢复饱和系数

泥沙恢复饱和系数是非均匀悬移质计算中的一个重要参数，其反映了悬移质不平衡输沙时含沙量向饱和含沙量靠近恢复的能力，数值越大，恢复能力越强。对于如何准确地确定悬移质恢复饱和系数，目前来说仍比较困难[86]。根据以往的经验和试验研究，泥沙恢复饱和系数在淤积和冲刷时不相等，一般冲刷恢复饱和系数要大于淤积恢复饱和系数。事实上，恢复饱和系数并不是一个常数，而是随着悬浮指数的变化而变化。对于均匀沙来说，冲淤恢复饱和系数都小于 1，冲淤恢复饱和距离短；对于非均匀沙来说，冲淤恢复饱和系数大[87, 88]。

综上所述，目前有关恢复饱和系数的研究仍存在许多问题，大多数泥沙数学模型中泥沙恢复饱和系数的取值是通过模型率定得到，模型通过率定来确定河网各河段恢复饱和系数的取值。

4.2.8 子断面含沙量与断面平均含沙量的关系

河道通常是由主槽和滩地组成，具有复式断面形态。在水位较低时，水流只在主槽内流动，不会发生漫滩；在水位较高时，滩地的水流流速和挟沙能力要小于主槽的水流流速和挟沙能力，因此主槽、滩地的水沙特性很不相同。为反映这种区别，采用韦直林等[89]的子断面含沙量与断面平均含沙量之间的经验关系式进行计算：

$$\frac{S_j}{S} = C\left(\frac{S_{*j}}{S_*}\right)^{\beta} \tag{4-16}$$

式中，$C = \dfrac{QS_*^{\beta}}{\sum\limits_{j=1}^{N} Q_j S_{*j}^{\beta}}$，其中 β 为经验参数，且 $\beta = \begin{cases} 0.05, & S_{*j}/S_* \leq 0.2 \\ 0.30, & S_{*j}/S_* > 0.2 \end{cases}$；$S_j$、$S$ 分别为子断面含沙量与断面平均含沙量；S_{*j}、S_* 分别为子断面挟沙力与断面平均挟沙力；Q_j、Q 分别为子断面流量与断面平均流量；j、N 分别为子断面编号和子断面总个数。

4.2.9 冲淤面积计算与横断面修正

断面冲淤面积计算公式对于各个子断面也适用，各个子断面的冲淤面积表达式可写为

$$\Delta A_j = \frac{B_j \alpha \omega_j (S_j - S_{*j}) \Delta t}{\gamma'} \tag{4-17}$$

式中，ΔA_j 为子断面冲淤面积；B_j 为子断面宽度；α 为泥沙恢复饱和系数；ω_j 为子断面

混合沙平均沉速；S_j 为子断面含沙量；S_{*j} 为子断面挟沙力；Δt 为泥沙时间步长；γ' 为泥沙淤积初期干容重。

各个子断面冲淤面积 ΔA_j 计算流程为：先计算 S_{*j}，然后求和得到 S_*，进而由泥沙数学模型通过迭代计算出 S，然后由式（4-16）计算 S_j，最后由式（4-17）计算出 ΔA_j。

泥沙在河道中淤积使得河床抬高，在河道中冲刷使得河床降低，而对横断面的修正对泥沙数学模型精度有着很大的影响，甚至会影响模型的计算。目前国内外许多的泥沙数学模型采取的横断面修正方法为：使淤积沿着某一范围内等厚度淤积，而冲刷则限定在稳定河宽内。这种方法的缺点是不能正确反映出同一断面不同部位的冲淤情况[90]。因为同一个断面的不同部位，其水力泥沙因素不一样，可能某一部位发生冲刷而另一部位发生淤积，或者是虽然都是淤积或冲刷，但各个部位淤积、冲刷的量不一样。为了避免以上方法的缺点，采取如下修正方法[91]。

（1）起点距的修正：横断面节点的起点距不随时间发生变化，有

$$X(t+1, j) = X(t, j) \tag{4-18}$$

式中，$X(t+1, j)$、$X(t, j)$ 分别为 $t+1$ 时刻和 t 时刻第 j 个节点的起点距。

（2）高程的修正：横断面节点高程的变化量由相邻两个子断面的冲淤厚度加权计算，有

$$Z(t+1, j) = Z(t, j) + \Delta h_{j-1} \frac{B_{j-1}}{B_{j-1} + B_j} + \Delta h_j \frac{B_j}{B_{j-1} + B_j} \tag{4-19}$$

式中，$Z(t+1, j)$、$Z(t, j)$ 分别为 $t+1$ 时刻和 t 时刻第 j 个节点的高程；Δh_{j-1}、Δh_j 分别为第 $j-1$、j 个子断面的冲淤厚度，且 $\Delta h_j = \Delta A_j / B_j$；$B_{j-1}$、$B_j$ 分别为第 $j-1$、j 个子断面的水面宽度。横断面冲淤修正示意图见图4-3。

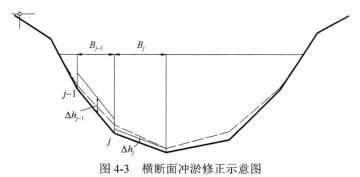

图4-3　横断面冲淤修正示意图

4.3　河网水沙数学模型的率定及验证

4.3.1　河网分段及编号

整个河网划分为 5 个河段。一河段为禹门口（黄淤 68）至潼关（黄淤 41），该河段共有 33 个断面；二河段为状头（洛淤 21）至华阴（渭淤 2），该河段共有 21 个断面；

三河段为华县（渭淤 10）至华阴（渭淤 2），该河段共有 9 个断面；四河段为华阴（渭淤 2）至潼关（黄淤 41），该河段共有 6 个断面；五河段为潼关（黄淤 41）至史家滩（黄淤 2），该河段共有 33 个断面。

　　依照河段编号顺序，对河网所有断面进行整体编号。一河段断面编号为 1～33，二河段断面编号为 34～54，三河段断面编号为 55～63，四河段断面编号为 64～69，五河段断面编号为 70～102。

　　对该河网的边界条件进行编号，①边界为禹门口，②边界为状头，③边界为华县，④边界为史家滩。

　　对河网的汊点进行编号，（一）汊点为一、四、五河段的汇集点，即潼关；（二）汊点为二、三、四河段的汇集点，即华阴。

　　综上，建立的黄河中游河网水沙数学模型范围为 5 个河段、98 个断面、4 个边界、2 个汊点。具体的河网水沙数学模型编号示意如图 4-4 所示。

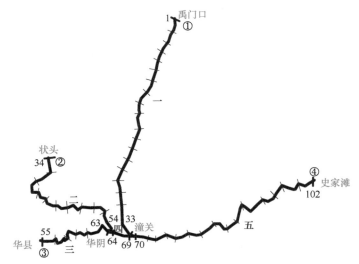

图 4-4　黄河中游河网水沙数学模型编号示意图

4.3.2　河网水沙数学模型率定

4.3.2.1　模型计算内容

　　在率定过程中，需要计算并与实测值进行对比的内容如下。

　　（1）潼关站 2006 年 10 月 15 日至 2014 年 10 月 14 日逐日水位、流量、含沙量过程。

　　（2）黄河小北干流、潼关以下库区河段、渭河下游华县—潼关河段、北洛河下游状头—华阴河段 2006 年 10 月至 2014 年 10 月逐年冲淤量。

4.3.2.2　率定依据资料

　　（1）率定采用时间系列：本次率定采用的时间系列从 2006 年 10 月 15 日开始，直到 2014 年 10 月 14 日为止，共计 8 年。

（2）地形资料选取：采用 2006 年汛后大断面实测资料，并在原始资料的基础上，根据前文所述的方法对断面进行概化。

（3）水沙资料选取：上游边界条件采用 2006 年 10 月 15 日至 2014 年 10 月 14 日龙门站、华县站、状头站的逐日实测径流量、含沙量及悬沙级配，其中，悬沙级配并非每天都有实测数据，空缺的部分根据插值得到，或取为某一段时间内的平均级配，下游边界条件则采用该时段内的坝前逐日实测水位。河床初始级配选用 2006 年各河段实测淤积物级配，对于缺少数据的断面，则根据插值得到其级配数据。

4.3.2.3 参数率定结果

1. 恢复饱和系数

率定得到的恢复饱和系数为：黄河小北干流河段淤积时取 0.005，冲刷时取 0.0106；潼关以下库区河段淤积时取 0.005，冲刷时取 0.013；渭河下游华县—潼关河段淤积时取 0.22，冲刷时取 0.32；北洛河下游状头—华阴河段淤积时取 0.02，冲刷时取 0.041。

2. 初始糙率

黄河、渭河及北洛河各河段初始糙率的率定成果分别汇总于表 4-4～表 4-6。

表 4-4　黄河小北干流和潼关以下库区河段初始糙率的率定成果

河段	主槽	滩地
北村—三门峡	0.012	0.032
大禹渡—北村	0.016	0.035
古夺—大禹渡	0.013	0.040
潼关—古夺	0.014	0.036
上源头—潼关	0.017	0.035
夹马口—上源头	0.022	0.040
北赵—夹马口	0.018	0.035
禹门口—北赵	0.022	0.035

表 4-5　渭河下游河段初始糙率的率定成果

河段	主槽	滩地
吊桥—潼关	0.012	0.030
陈村—吊桥	0.018	0.032
华县—陈村	0.021	0.035

表 4-6　北洛河下游河段初始糙率的率定成果

河段	流量（m³/s）	主槽	滩地
朝邑—洛淤 1	4.4	0.025	0.040
	39.0	0.021	0.040
	118.0	0.015	0.040
南荣华—朝邑	4.4	0.025	0.040
	39.0	0.020	0.040
	118.0	0.020	0.040

续表

河段	流量（m³/s）	主槽	滩地
状头—南荣华	4.4	0.040	0.040
	39.0	0.030	0.040
	118.0	0.023	0.040

4.3.2.4　计算结果分析

图 4-5～图 4-7 分别展示了 2006 年 10 月 15 日至 2014 年 10 月 14 日潼关站水位、流量、含沙量的计算值和实测值对比。

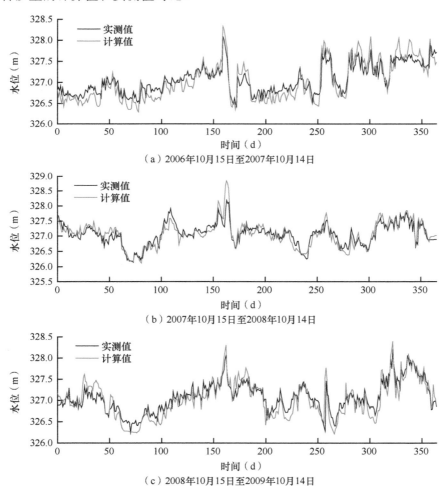

（a）2006年10月15日至2007年10月14日

（b）2007年10月15日至2008年10月14日

（c）2008年10月15日至2009年10月14日

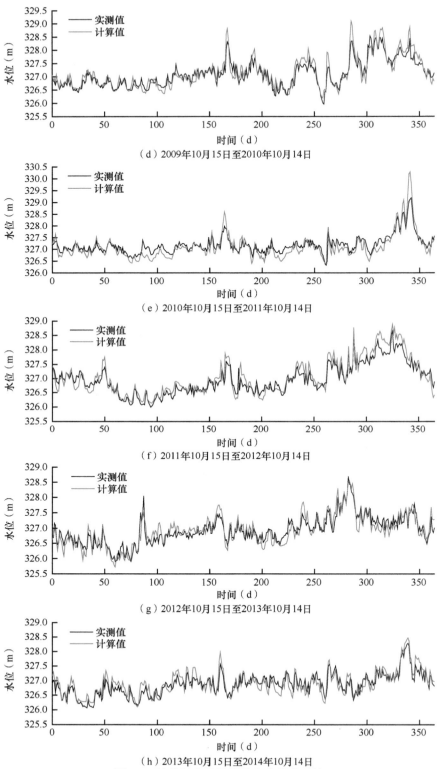

（d）2009年10月15日至2010年10月14日

（e）2010年10月15日至2011年10月14日

（f）2011年10月15日至2012年10月14日

（g）2012年10月15日至2013年10月14日

（h）2013年10月15日至2014年10月14日

图4-5　潼关站水位计算值和实测值对比

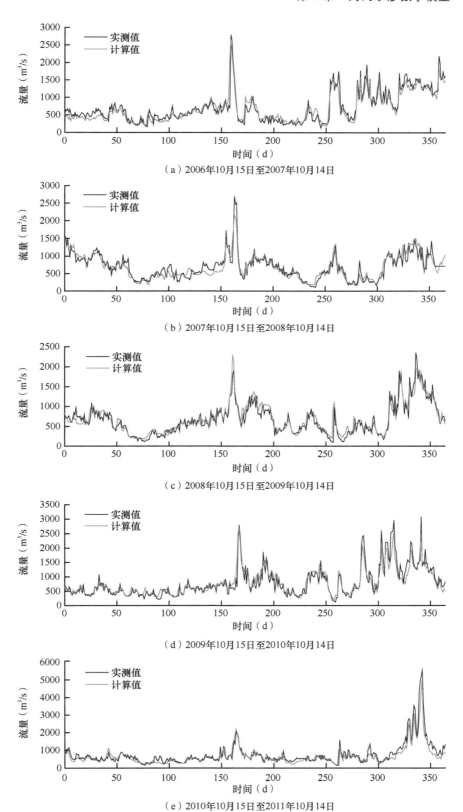

（a）2006年10月15日至2007年10月14日

（b）2007年10月15日至2008年10月14日

（c）2008年10月15日至2009年10月14日

（d）2009年10月15日至2010年10月14日

（e）2010年10月15日至2011年10月14日

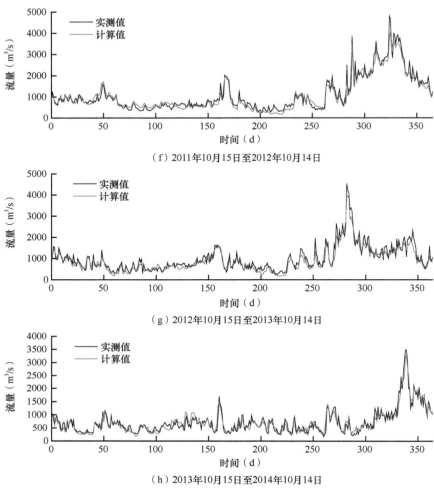

（f）2011年10月15日至2012年10月14日

（g）2012年10月15日至2013年10月14日

（h）2013年10月15日至2014年10月14日

图4-6 潼关站流量计算值和实测值对比

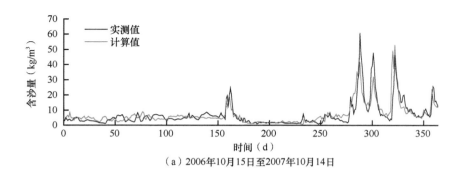

（a）2006年10月15日至2007年10月14日

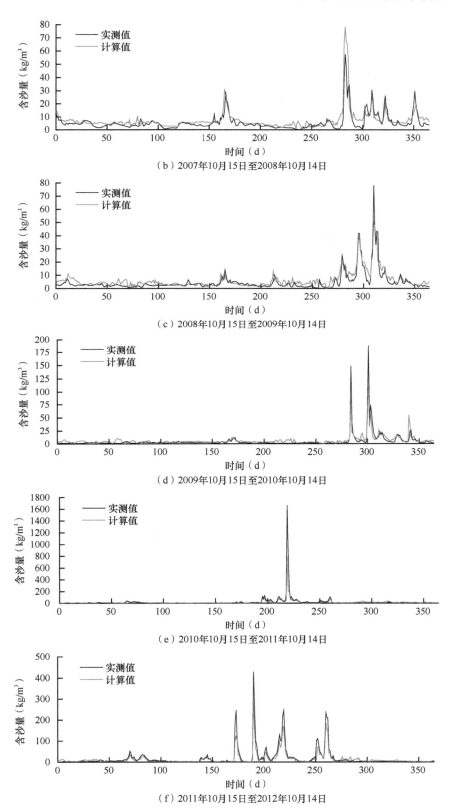

（b）2007年10月15日至2008年10月14日

（c）2008年10月15日至2009年10月14日

（d）2009年10月15日至2010年10月14日

（e）2010年10月15日至2011年10月14日

（f）2011年10月15日至2012年10月14日

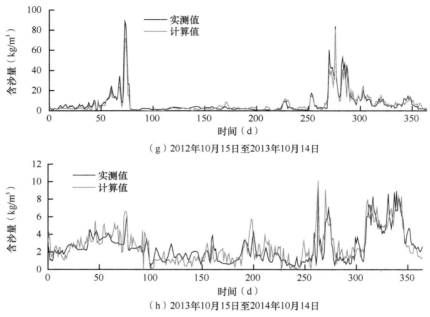

（g）2012年10月15日至2013年10月14日

（h）2013年10月15日至2014年10月14日

图4-7 潼关站含沙量计算值和实测值对比

从图4-5可以看出，水位计算值的变化趋势与实测值较为符合，除某些水位峰值处计算值与实测值之间存在一定偏差外，大多数时候，水位的计算值都紧贴在实测值附近，有时会有一定程度的偏离，但误差一般不超过0.2m，即便在汛期，该模型也能较好地模拟出水位的变化。分析产生误差的原因，三门峡库区各河段，尤其是黄河小北干流，地形极其曲折多变，摆动频繁，实际水动力过程极其复杂，加之潼关汊点处的实际水沙动力过程也比较复杂，利用一维模型无法充分考虑这些变化。总的来说，在现有条件下，该模型对于潼关站水位变化的模拟较为成功。

从图4-6可以看出，对潼关站流量的模拟结果很贴近实际情况，流量计算误差比水位计算误差更小。当流量较小时，计算值与实测值之间通常相差很少，两条曲线接近重合，除此之外，该模型还能够较好地模拟出大部分洪水的来水过程，计算值与实测值的变化趋势较为同步，很少存在滞后或提前的情况，除一部分洪峰流量很大的情况，计算值与实测值存在一定偏差外，大部分时候，两者之间的差值都在可以接受的误差范围内，能够较好地反映出潼关站流量的变化趋势。

从图4-7可以看出，对潼关站含沙量的模拟结果整体上与实际情况比较符合，在一些含沙量突变，达到极大值的点，计算值与实测值存在较大偏差，除此之外，模型的计算结果能够较好地反映出潼关站含沙量的变化趋势和变化范围。分析误差产生的原因，除了精确且全面的级配资料较难取得，还和现有模型不能模拟诸如"揭河底"等特殊的泥沙现象有关。综上，可以认为，在现有条件下，该模型对潼关站来沙过程的模拟能够符合相关工作的要求。

将三门峡库区各河段逐年冲淤量的计算值与实测值数据列入表4-7，并计算各河段自2006年10月以来的逐年累计淤积量，图4-8～图4-11分别展示了黄河小北干流、潼关以下库区河段、北洛河下游状头—华阴河段、渭河下游华县—潼关河段的累计冲淤量计算值与实测值对比。

表 4-7　三门峡库区各河段逐年冲淤量的计算值与实测值统计　　　　　（单位：亿 m³）

时段	冲淤量							
	黄淤 68—黄淤 41		洛淤 21—洛淤 1		渭淤 10—渭拦		黄淤 41—黄淤 1	
	实测值	计算值	实测值	计算值	实测值	计算值	实测值	计算值
2006.10.15～2007.10.14	−0.008	−0.259	0.008	0.003	−0.105	−0.144	0.196	0.187
2007.10.15～2008.10.14	−0.465	−0.484	0	−0.006	0.066	0.075	0.236	0.164
2008.10.15～2009.10.14	−0.294	−0.198	0.005	0.005	−0.047	−0.064	−0.146	−0.076
2009.10.15～2010.10.14	−0.070	−0.155	0.021	0.024	−0.652	−0.799	−0.271	−0.306
2010.10.15～2011.10.14	−0.162	−0.358	−0.029	−0.032	−0.18	−0.17	−0.341	−0.372
2011.10.15～2012.10.14	−0.250	0.067	−0.014	−0.016	0.035	0.107	−0.388	−0.335
2012.10.15～2013.10.14	0.033	0.174	−0.035	−0.034	0.048	0.07	0.403	0.499
2013.10.15～2014.10.14	−0.284	−0.278	−0.048	−0.039	0.493	0.558	−0.266	−0.289

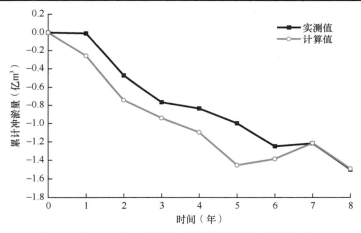

图 4-8　黄河小北干流累计冲淤量计算值与实测值对比

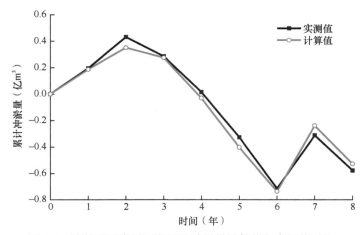

图 4-9　潼关以下库区河段累计冲淤量计算值与实测值对比

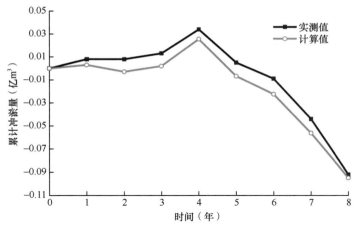

图 4-10 北洛河下游状头—华阴河段累计冲淤量计算值与实测值对比

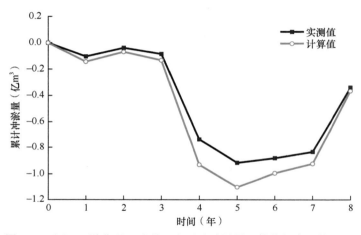

图 4-11 渭河下游华县—潼关河段累计冲淤量计算值与实测值对比

黄河小北干流 2006 年 10 月 15 日至 2014 年 10 月 14 日的累计冲淤量计算值为–1.491 亿 m³，实测值为–1.5 亿 m³，8 年累计冲淤量的相对误差仅有 0.6%，拟合效果较好。对于每一年来说，冲淤量计算值与实测值之间的差值一般不超过 0.3 亿 m³，部分年份差值能够降到 0.2 亿 m³ 以内，计算值和实测值的变化趋势比较一致，两条折线始终没有大幅度偏离，计算结果反映出了黄河小北干流在该时间段内河床不断冲刷的特点。分析误差产生的原因，主要与该河段复杂的河道形态有关，黄河小北干流属于游荡型河道，主流迁徙不定，摆动极其频繁，加之黄河小北干流的平面形态宽窄不一，变化剧烈，现今的数值模拟方法很难模拟这些因素对河床演变的影响，因而会产生一定的误差。总体上讲，该模型还是较好地模拟出了黄河小北干流的冲淤变化规律。

潼关以下库区河段 2006 年 10 月 15 日至 2014 年 10 月 14 日的累计冲淤量计算值为 –0.527 亿 m³，实测值–0.577 亿 m³，相对误差为 8.7%。从图 4-9 可以看出，潼关以下库区河段累计冲淤量的计算值与实测值偏差很小，最大不超过 0.1 亿 m³，在某些年份，计算值与实测值甚至几乎完全重合，两条折线的变化趋势保持高度一致，拟合效果要明显好于黄河小北干流。总的来说，该模型的计算结果反映出了该河段冲淤交替、以冲为主的变化规律，且冲淤量误差较小，模拟结果非常理想。

北洛河下游状头—华阴河段 2006 年 10 月 15 日至 2014 年 10 月 14 日的累计冲淤量计算值为–0.095 亿 m^3，实测值为–0.092 亿 m^3，相对误差为 3.2%。北洛河下游河道的整体淤积量较小，累计冲淤量计算值与实测值之间的误差都在 0.02 亿 m^3 以内，两条折线的变化趋势基本一致，模型计算结果反映出了北洛河下游河段的冲淤演变规律，拟合效果良好。

渭河下游华县—潼关河段 2006 年 10 月 15 日至 2014 年 10 月 14 日的累计冲淤量计算值为–0.367 亿 m^3，实测值为–0.341 亿 m^3，相对误差为 7.6%。从图 4-11 可以看出，模型计算的结果整体上较为理想，实际发生淤积或冲刷的年份，模型计算结果也都相应地为淤积或冲刷，除去 2009 年 10 月至 2010 年 10 月计算冲刷量要比实际冲刷量大一些，导致之后 3 年的累计冲淤量计算值和实测值之间有一定差距外，大部分年份计算值和实测值之间相差不超过 0.1 亿 m^3，拟合效果良好。

4.3.3　河网水沙数学模型验证

选取 2015～2016 年（运用年）时间系列作为验证对象，利用率定好的模型模拟水沙过程，验证模型的准确性。验证计算的内容与率定一致，即计算时段内潼关站逐日水位、流量、含沙量以及河网各河段每一年的冲淤量。结果表明，模型计算值与实测值符合良好，验证结果比较理想。

4.3.3.1　验证依据资料

（1）验证采用的时间系列：本次验证从 2015 年非汛期开始，一直到 2016 年汛期结束，即 2014 年 11 月 1 日至 2016 年 10 月 31 日。

（2）地形资料选取：采用 2014 年汛后实测地形资料，并对所有断面进行概化，作为模型计算的初始地形。

（3）水沙资料选取：上游边界条件采用 2014 年 11 月 1 日至 2016 年 10 月 31 日龙门站、华县站、状头站逐日实测径流量、含沙量及悬沙级配，下游边界条件则采用该时段内的坝前逐日实测水位，河床初始级配选用 2014 年各河段实测淤积物级配。由于级配资料较为珍稀，并不是每一天或每一区段都有相应的级配测量资料，因而空缺的部分需要通过插值法来近似确定其取值。

4.3.3.2　模型验证结果及分析

利用模型计算潼关站逐日水位、流量、含沙量的变化过程，潼关站 2015 年非汛期和汛期、2016 年非汛期和汛期来水来沙过程验证分别如图 4-12～图 4-15 所示。计算各河段的年际冲淤量，并将计算结果和实测值列入表 4-8，由于缺乏华县—潼关河段的实测资料，因此表 4-8 不统计该河段的冲淤情况。

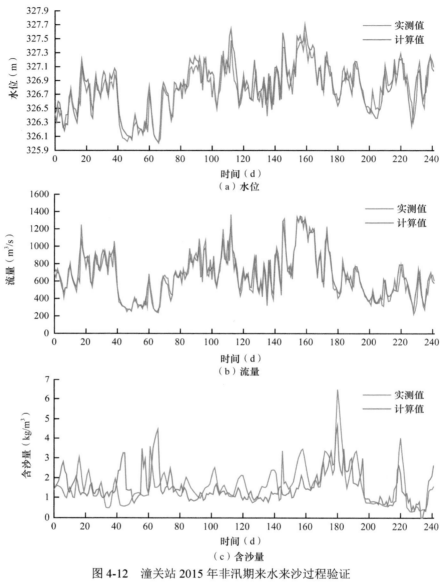

图 4-12 潼关站 2015 年非汛期来水来沙过程验证

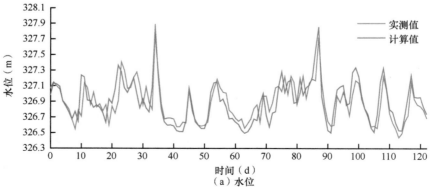

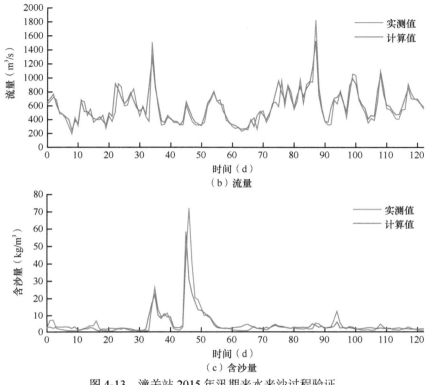

（b）流量

（c）含沙量

图 4-13　潼关站 2015 年汛期来水来沙过程验证

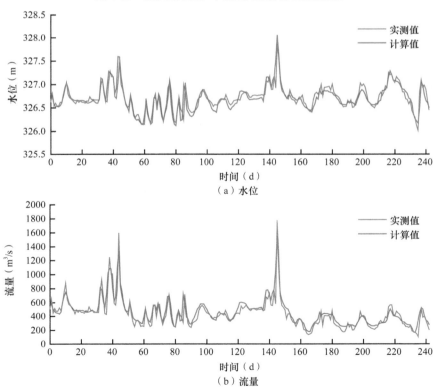

（a）水位

（b）流量

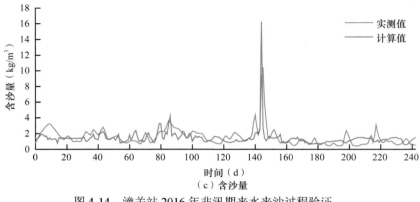

（c）含沙量

图 4-14　潼关站 2016 年非汛期来水来沙过程验证

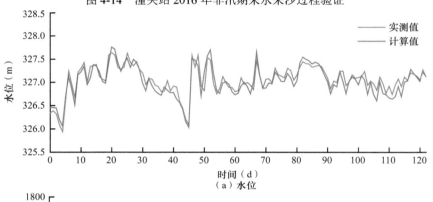

（a）水位

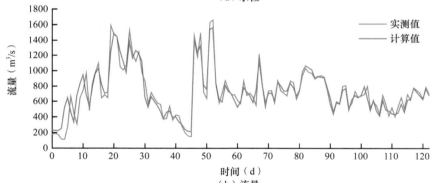

（b）流量

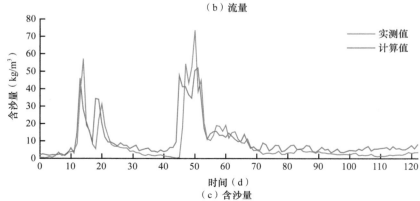

（c）含沙量

图 4-15　潼关站 2016 年汛期来水来沙过程验证

表 4-8 2015～2016 年（运用年）冲淤量计算与实测值对比   （单位：亿 m³）

年份	冲淤量					
	黄淤 68—黄淤 41		洛淤 21—洛淤 1		黄淤 41—黄淤 1	
	实测值	计算值	实测值	计算值	实测值	计算值
2015	−0.076	−0.1690	0.003	0	0.332	0.260
2016	0.122	0.0338	0.044	0.0346	0.239	0.282
合计	0.046	−0.1352	0.047	0.0346	0.571	0.542

分析图 4-12，潼关站 2015 年非汛期（2014 年 11 月 1 日至 2015 年 6 月 30 日）最大流量为 1370m³/s，最高含沙量为 6.52kg/m³。潼关站来水量从 2014 年 12 月中旬开始大幅度减少，流量一度降至略高于 200m³/s 的水平，从 2015 年 1 月中下旬开始，流量逐渐回升，并在之后迎来了几次流量高峰，其中流量峰值出现在 2015 年 2 月 21 日，为 1370m³/s，从 2015 年 5 月开始，潼关站来水量又开始明显减少。纵观整个 2015 年非汛期，流量超过 1000m³/s 的天数为 23d，低于 400m³/s 的天数为 41d，大部分时间流量集中在 400～1000m³/s，占据了总天数的 73.6%。2015 年非汛期沙量较少，没有出现较大的沙峰，每日实测的含沙量基本不超过 4kg/m³，观测到含沙量小于 1kg/m³ 的天数为 54d，占比超过 20%。流量与水位的变化趋势较为同步，流量较大时，水位也较高，当流量降至谷底时，水位也降至最低水平。

从图 4-12 可以看出，水位计算值与实测值符合较好，水位误差大都在 0.1m 范围内，一般不超过 0.2m，流量验证情况良好，洪峰流量计算值和实测值比较贴近，并且变化趋势也保持同步，没有出现滞后或提前的情况。含沙量计算值与实测值之间存在一定误差，但总体上没有大幅度偏离，并且模型计算结果反映出了沙峰的变化，两条折线存在偏离的一个原因是非汛期含沙量整体上变化幅度很小，基本稳定在一个较低的水平，从绝对误差看，含沙量计算值相对实测值的偏离值大部分情况下不超过 1kg/m³。

分析图 4-13，潼关站 2015 年汛期（2015 年 7 月 1 日至 10 月 31 日）流量相比 2015 年非汛期没有特别大的提升，体现出了潼关站来水量年内分配比较均匀的特点。该时段内，流量在 1000m³/s 以上的天数为 5d，在 400m³/s 以下的天数为 34d，整个汛期总共经历了两次较为明显的洪峰，其洪峰流量都超过了 1500m³/s，第一次出现在 2015 年 8 月 4 日，流量峰值为 1510m³/s，第二次出现在 2015 年 9 月 26 日，流量达到了最大值 1830m³/s。汛期含沙量的波动幅度要明显大于非汛期，其中，含沙量在 20kg/m³ 以上的天数为 5d，超过 70kg/m³ 的天数为 1d，大部分时候含沙量仍然保持在 10kg/m³ 以下，整个汛期含沙量超过 20kg/m³ 的沙峰共有两次，第一次出现在 2015 年 8 月 5 日，含沙量为 26.42kg/m³，和第一次洪峰的出现时间非常接近，第二次出现在 2015 年 8 月 16 日，含沙量达到了最大值 72.25kg/m³，与来水量的变化并不同步。

从图 4-13 可以看出，2015 年汛期水位、流量、含沙量的计算值与实测值符合较好，水位和流量的计算值与实测值除在峰值处存在一定误差外，大部分时候较为吻合。含沙量的计算结果与其实际变化趋势较为一致，虽然在沙峰处，计算值与实测值之间存在一定偏差，且计算结果相比实际情况略有提前，但总的来说，计算结果还是反映出了沙量升降起伏的变化趋势。当含沙量波动较大时，计算值与实测值之间的偏差也没有那么明显。

从图 4-14 可以看出，潼关站 2016 年非汛期（2015 年 11 月 1 日至 2016 年 6 月 30 日）来水量较枯，流量整体上保持在一个较低水平，相比 2015 年非汛期来水量减少了很多，其中，流量在 1000m³/s 以上的天数仅有 6d，流量小于 500m³/s 的天数为 174d，占该时段总天数的 71.6%，日均流量在 800m³/s 以上的时间大都集中在 2015 年 12 月。虽然整体上来水量比 2015 年非汛期减少了很多，但该时段内出现了两次超过 1500m³/s 的流量高峰，第一次流量峰值出现在 2015 年 12 月 15 日，洪峰流量为 1600m³/s，第二次流量峰值出现在 2016 年 3 月 25 日，流量达到了最大值 1780m³/s。该时期水位的波动幅度相较于流量来说较小。和 2015 年非汛期类似，该时段的来沙量较少，属于枯沙期，日均含沙量在 4kg/m³ 以上的天数只有 4d，而含沙量不足 1kg/m³ 的天数达到了 77d，占总天数的 31.7%，含沙量在 2016 年 3 月 25 日达到了峰值 10.45kg/m³，与洪峰出现的日期完全一致。

与之前相同，模型计算出的潼关站 2015 年汛期水位和流量与实测值符合较好，除在峰值处有一定误差外，大部分情况下模拟效果比较理想，反映出了水量变化的趋势，而含沙量的计算结果在整体上和实际变化趋势比较符合，除了在峰值处，计算含沙量比实测含沙量高出了大约 6kg/m³，通常情况下，两者之间没有大幅度偏离。

从图 4-15 可以看出，潼关站 2016 年汛期（2016 年 7 月 1 日至 10 月 31 日）来水量相比 2015 年汛期有一定提升，进入 2016 年 7 月以来，流量不断增大，从一开始的不足 200m³/s，一直攀升超过了 1500m³/s。2016 年 7 月出现了两次流量高峰，一次出现在 7 月 20 日，流量峰值为 1590m³/s，另一次出现在 7 月 26 日，流量峰值为 1530m³/s，在此之后，流量迅速回落，并在 8 月 15 日降到了最低值 150m³/s，仅过了一天，流量就急剧增加到 1400m³/s，并在 8 月 22 日达到了 1660m³/s 的洪峰流量，再往后，流量总体上稳定在 700m³/s 上下，没有再出现流量大于 1500m³/s 的情况。总体来看，该时段内日均流量超过 1000m³/s 的天数为 18d，小于 500m³/s 的天数只有 22d，日均流量为 500~1000m³/s 的天数占比为 67.5%。潼关站 2016 年汛期含沙量相比 2015 年汛期有了大幅度提升，与流量过程类似，7 月和 8 月分别有一个含沙量较高的时期。沙峰出现的时间相较于洪峰提前几天，但含沙量的变化趋势与流量类似，7 月含沙量的峰值出现在 15 日，相较于流量峰值提前 5d，8 月 20 日含沙量达到了最大值 73.77kg/m³，比洪峰出现的日期提前了 2d。从 7 月 1 日至 10 月 31 日，含沙量超过 10kg/m³ 的天数为 28d，占比为 22.8%，远远超过了之前的三个时段。总体来说，2015 年和 2016 年都属于枯水少沙年，潼关站没有出现流量大于 2000m³/s 和含沙量大于 100kg/m³ 的情况。

潼关站 2016 年汛期水位、流量及含沙量的验证情况较好，模型计算结果和潼关站实际的来水来沙情况比较吻合，其中，含沙量的计算结果尽管在峰值处与实测值有一定偏差，且峰值出现的时间略有提前，但总体上两条折线还是比较贴近的。

各河段冲淤量的计算值和实测值偏差总体上处于误差范围内，其中黄淤 68—黄淤 41 河段 2015 年和 2016 年的冲淤量计算值分别为 −0.1690 亿 m³ 和 0.0338 亿 m³，与实测值之间的偏差均在 0.1 亿 m³ 以内，考虑到黄河小北干流具有宽、浅、散、乱，河道游荡不定，河床变动频繁的特点，当前的数学模型无法考虑其中所有复杂情况，因此模型的计算值与实测值之间难免存在误差，但在可接受范围内。状头站 2015 年（运用年）实测逐日含沙量全部为 0，因此模型计算出的该年份冲淤量也为 0，但实际上该河段发生了轻微淤积，淤积量为 0.003 亿 m³，两者偏差不大。2016 年北洛河下游的淤积量计算值为 0.0346 亿 m³，与实测值之间的误差小于 0.01 亿 m³。黄淤 41—黄淤 1 河段，冲淤量计算值与实测值偏差不大，两年累计冲淤量分别为 0.542 亿 m³ 和 0.571 亿 m³，相对误差为 5.1%。

综上所述，模型的计算结果与实际情况比较符合，说明利用该河网水沙数学模型可以较好地模拟出各河段的水沙特性。

4.4 本 章 小 结

依据相关理论，探讨了模型中一些关键问题，诸如断面概化、糙率确定、断面形态修正等问题的处理方法，并基于研究区域的实际情况，改进了程序，选取了与其特性相适应的方法进行计算。利用实测资料在研究区域内建立了河网水沙数学模型，模拟的范围包括黄河干流禹门口至三门峡河段、北洛河下游状头—华阴河段、渭河下游华县—潼关河段。利用 2006 年 10 月 15 日至 2014 年 10 月 14 日的相关实测资料，对河网水沙数学模型进行了率定，利用 2014 年 11 月 1 日至 2016 年 10 月 31 日三门峡库区的实测地形和水沙资料对模型进行了验证，无论是汛期还是非汛期，模型计算出的潼关站逐日水位、流量、含沙量及各河段的冲淤量与实测值整体上都比较符合，模型验证情况良好。结果表明，该模型可以较好地反映出该流域真实的来水来沙过程。

第5章 模型应用——三门峡水库非汛期运用水位对库区冲淤的影响

本章将介绍三门峡库区泥沙淤积问题的由来，阐明研究背景，分析近期三门峡水库非汛期的运用情况，设计四种不同的非汛期水库运用方案，并利用河网水沙数学模型研究三门峡水库非汛期运用水位对库区冲淤的影响，探究枯水条件下水库进一步的优化运用方式。

5.1 研 究 背 景

三门峡水利枢纽工程于 1957 年 4 月 13 日正式开工，1958 年 11 月 25 日实现截流，1960 年 9 月基本建成，之后开始蓄水，水库进入蓄水拦沙运用期。在最初设计时，人们对自然规律缺乏全面的把握，盲目听信苏联专家的建议，错误地认为水库来沙水平将会显著降低[1]，严重低估了水库泥沙淤积问题的严重性，没有考虑多沙河流的特性，将清水河流水库的运用方式照搬至三门峡水库，因而在水库投入使用初期即出现了严重的泥沙淤积问题。从 1960 年 9 月至 1962 年 3 月，三门峡累计入库水量 717 亿 m^3、沙量 17.36 亿 t，仅有 13%的泥沙以异重流形式排至库外，回水超过潼关，库内淤积严重[2]，335m 以下库容损失约 17 亿 m^3，潼关高程[潼关（六）断面 1000m^3/s 流量对应的水位]由建库前的 323.4m 急剧抬升到 1962 年 3 月的 328.07m[3]，上升 4.67m。建库以前，潼关高程总体上是缓慢升高，相关学者通过考证认为，从三国到三门峡水库建库之前，潼关高程的平均增加速率为 0.0136m/a，从 1573 年到三门峡水库建库之前，潼关高程的平均增加速率为 0.027m/a，在三门峡水库建库前的 10 年，潼关高程的平均增加速率为 0.035m/a[4]，而建库之后，仅仅一年半时间，潼关高程就上升了 4.67m。潼关高程的迅速抬升，导致黄河小北干流、北洛河下游以及渭河下游的河床比降变缓[5]，使得库区淤积形势进一步恶化，并由此带来了一系列区域性灾害，特别是渭河，行洪不畅严重威胁渭河下游防洪安全和西安市的安全。

"318"运用以来，关于该方案对三门峡库区冲淤的影响，相关学者也进行了专门的研究，然而对于当前水库运用方式的合理性及效益的评价，却存在着分歧。侯素珍等[20]分析了潼关以下河段淤积量和淤积部位的变化，认为"318"运用以来，非汛期最高运用水位的降低使得淤积重心下移，潼关河段基本回归到自然演变状态。段新奇等[21]基于 2003～2005 年的实测资料，对"318"运用方案的效果进行了评估，认为在此条件下，潼关附近河段将不再受到水库回水的影响，且随着淤积末端的下移，非汛期由于水库运用淤积的泥沙可以完全通过汛期洪水排至库外。对此，也有一些学者持不同意见，吴保生和邓玥[22]认为，"318"运用虽然降低了非汛期运用最高水位，但水位高于 315m 的天数增加，平均水位升高，2003 年以来潼关高程的下降和库区泥沙淤积的减少主要与有利的来水来沙条件有关，该方案对减少库区泥沙淤积作用不大，其效果甚至可能还不如 2003 年之前的方案。杨光彬等[23]分析了 2003 年以来潼关高程的变化，发现 2012 年之前潼关高程保持下降趋势，从 2013 年开始，又不断升高，推断枯水年和水库平均运用水位偏高是导致这一现象出现的主要原因。林秀芝等[9]认为，2012 年之后库区的淤积主要与水库平均运用水位的不断升高有关，面对近期出现的不利水沙条件，应使坝前控制水位回归到之前的水平。焦恩泽等[8]一方面肯定了"318"运用减轻库区淤积的效益，另一方面也指出了当年 11 月至次年 6 月坝前平均控制水位偏高的问题。王平等[24]分析了 2003～2005 年的相关实测资料后认为，"318"运用排沙效果显著，然而来水量也对库区冲淤有着很大的影响，应当根据水量丰枯的变化，对于不同年份灵活调整水库的运用方式。

从实测资料来看，2003～2012 年库区冲淤发展态势良好，潼关以下河段发生了冲刷，潼关高程整体上也在不断下降，至 2012 年汛后，潼关高程降至最低点 327.38m，然而从 2013 年开始，形势发生了变化，潼关高程又开始不断攀升，至 2019 年汛后，达到了 328.08m。和之前持续冲刷的态势不同，潼关以下河道也在 2013 年之后发生了一定程度的淤积，新的形势暴露出水库现行的运用方式存在一定不足，没有充分适应来水来沙条件的变化，存在进一步优化的空间，本章将利用河网水沙数学模型探讨三门峡水库进一步的优化运用方案。

5.2　近期三门峡水库非汛期运用情况分析

对三门峡水库 2007～2018 年（运用年）非汛期水位运用情况进行统计，汇总为表 5-1。

表 5-1　三门峡水库 2007～2018 年（运用年）非汛期水位运用情况

运用年	水位（m）			各级水位出现天数			
	平均	最高	最低	<312m	312～315m	315～318m	>318m
2007	316.73	317.99	289.36	5	20	217	0
2008	316.63	317.98	289.35	2	13	228	0
2009	317.06	317.98	296.30	1	8	233	0
2010	317.11	317.99	311.95	1	13	228	0
2011	317.44	317.99	312.36	0	7	235	0
2012	317.60	318.98	312.55	0	8	213	22
2013	317.58	319.20	313.20	0	5	222	15
2014	317.70	319.42	314.02	0	3	226	13
2015	317.74	318.47	316.86	0	0	219	23
2016	317.76	318.73	316.53	0	0	234	9
2017	317.73	318.50	315.67	0	0	231	11
2018	317.19	318.88	305.29	9	2	219	12
2007～2018	317.36	319.42	289.35	2	7	225	9

　　统计时段皆处于 2003 年 "318" 运用之后，非汛期按照最高水位不超过 318m 进行控制。从表 5-1 可以看出，2007~2018 年三门峡水库非汛期坝前水位总体上呈现不断升高的趋势，最高水位在 2007~2011 年保持在 318m 以下，从 2012 年开始，受库区生态用水的影响，最高水位保持在略高于 318m 的水平。坝前平均水位整体上也在上升，相比于 2007 年，2017 年非汛期坝前水位提高了整整 1m，2018 年由于在非汛期结束之前提前调整水位至汛期 305m 控制水位，其平均水位相比之前几年有一定回落。分析各级水位出现的天数能够发现，非汛期坝前日平均水位大部分集中在 315~318m，占非汛期总天数的比例超过 90%，水位高于 315m 的天数总体上表现出增加趋势，特别是 2015~2017 年，整个非汛期坝前水位都在 315m 以上。

　　段新奇等[21]统计了 1974~2005 年不同时期的三门峡水库非汛期运用水位，结果表明，在 "318" 运用之前，1974~1985 年、1985~1992 年、1992~2002 年三个时段非汛期平均坝前水位分别为 316.44m、315.33m、314.88m，均未超过 317m，特别是后两个时期，坝前控制水位都保持在 315m 上下，自 "318" 运用以来，2003~2005 年三门峡水库非汛期最高水位大幅度下降至 318m 以下，但平均水位却达到了 316.34m，整体上相比前两个时期有所上升。对比之前几个时期，2007~2018 年三门峡水库非汛期平均水位明显提升，超过了 317m，为 1974 年蓄清排浑运用以后平均水位最高的时期，并且该时期平均水位仍有不断升高的趋势，水位大于 315m 的天数也在不断增加，结合段新奇等[21]统计的 2003~2005 年的数据可以得出，在 "318" 运用之后，三门峡水库非汛期最高水位虽然明显下降，但平均水位却比之前有所上升，并且这种趋势还在延续，平均运用水位正在进一步升高。

　　自 2013 年以来，三门峡库区泥沙淤积又有加重的趋势，潼关高程在 2012 年汛后降到最低值 327.38m，此后便不断升高，截至 2019 年汛后已经达到了 328.08m，同时潼关以下库区河段在 2013~2017 年也发生了较大程度的淤积，其中 2013 年和 2017 年单一运用年的淤积量都超过了 0.4 亿 m³。分析认为，三门峡库区淤积的加重与非汛期水库整体运用水位的抬升有一定关系，但造成 2013 年以来泥沙淤积量大幅度增加还有另外一个重要原因，即来水来沙条件的变化，自 2013 年以来，库区来水量逐渐减少，特别是汛期来水量减少幅度更大，来水量的减少使水流的冲刷作用减弱，从而使淤积形势恶化，与此同时，水库运用方式却没有根据水沙条件的变化进行及时调整，面对枯水年，水库运用方式需要进一步调整优化。

5.3　不同运用方案对库区冲淤影响的数值计算

5.3.1　计算方案的设定及条件说明

　　本次计算选取四种不同的方案对库区各河道的冲淤情况进行模拟，四种方案汛期的运用方式完全相同，皆按照现行的 305m 水位进行控制，当流量大于 1500m³/s 时，敞泄运行，各方案非汛期的运用方式如下。

方案 1：采用现状方案，最高库水位不超过 318m。

方案 2：在现状方案的基础上，将非汛期平均库水位控制在 315m 以下，即最高库水位不超过 318m，平均库水位低于 315m。

方案 3：整体降低现行方案的运用水位，使最高库水位不超过 315m。

方案 4：整体降低现行方案的运用水位，使最高库水位不超过 312m。

模拟之前首先需要确定以下计算条件。

1. 计算时间系列

每种方案的计算时长皆为 4 年，从第一年的汛期开始，到第 5 年非汛期结束，即从第一年的 7 月 1 日开始，到第 5 年的 6 月 30 日为止。

2. 计算范围

计算范围与第 4 章模型率定和验证一致，包括黄河小北干流、潼关以下库区河段、北洛河下游状头—华阴河段、渭河下游华县—潼关河段。

3. 河网分段及编号

断面的划分以及汊点、边界、河段的编号与第 4 章完全相同。

4. 初始地形和床沙级配

采用 2016 年汛前库区各断面实测地形资料，并对断面进行概化，作为计算的初始地形。初始床沙级配选用 2016 年各河段实测床沙级配。

5. 水沙系列的选取

选取 2012 年 7 月 1 日至 2016 年 6 月 30 日实测水沙系列作为设计水沙系列，将该时段龙门站、状头站、华县站逐日实测流量、含沙量和悬移质级配资料作为方案计算的上游进口水沙条件。设计水沙系列进口水文站来水来沙量及其变化趋势的统计结果见表 5-2、表 5-3 和图 5-1、图 5-2。

表 5-2　设计水沙系列进口水文站来水量统计　（单位：亿 m³）

水文年	来水量		
	龙门站	状头站	华县站
1	308.91	3.70	53.84
2	228.61	7.25	64.92
3	194.65	4.08	52.27
4	129.44	1.69	31.90
平均	215.40	4.18	50.73

表 5-3 设计水沙系列进口水文站来沙量统计 （单位：亿 t）

水文年	来沙量		
	龙门站	状头站	华县站
1	1.770	0.0224	0.453
2	1.840	0.2520	1.310
3	0.375	0	0.235
4	0.502	$3.83×10^{-7}$	0.166
平均	1.120	0.0687	0.542

注：表中数据经过四舍五入，存在舍入误差

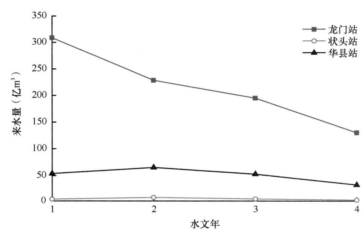

图 5-1 进口水文站来水量年际变化

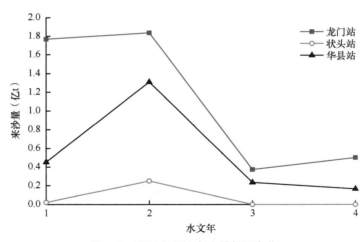

图 5-2 进口水文站来沙量年际变化

设计水沙系列龙门站、状头站、华县站 4 年平均来水量分别为 215.40 亿 m³、4.18 亿 m³、50.73 亿 m³，4 年平均来沙量分别为 1.120 亿 t、0.0687 亿 t、0.542 亿 t，绝大多数水沙都来源于黄河上游以及渭河，北洛河来水来沙量较少。观察水沙的年际变化可知，设计系列来水量逐年减少，来沙量第 3 年大幅度减少，特别是北洛河，后两年来沙量几乎为 0。总体来看，设计系列为枯水少沙系列，和近期三门峡库区来水来沙的特点比较一致。

6. 坝前控制水位

各方案汛期都采用 2012 年 7 月 1 日至 2016 年 6 月 30 日三门峡水库实测逐日平均坝前水位作为控制水位，非汛期则根据不同运用方式确定相应的控制水位。

方案 1 非汛期坝前控制水位如图 5-3 所示，其逐日控制水位见表 5-4，该方案按照现行的"318"运用方案对水位进行控制，非汛期平均水位为 317.11m，实际运用水位大部分分布在 316～318m。

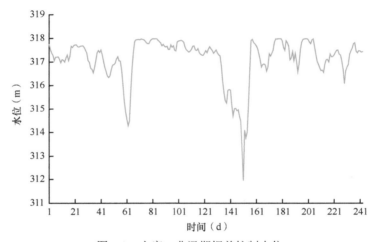

图 5-3　方案 1 非汛期坝前控制水位

表 5-4　方案 1 非汛期坝前逐日控制水位

日期	11 月	12 月	1 月	2 月	3 月	4 月	5 月	6 月
1	317.75	317.06	314.28	317.53	317.48	313.77	317.50	316.91
2	317.53	316.99	314.48	317.54	317.39	314.02	317.90	317.10
3	317.38	316.73	315.77	317.73	317.55	315.21	317.81	317.11
4	317.28	316.69	316.72	317.63	317.65	316.58	317.67	317.00
5	317.06	316.54	317.39	317.69	317.56	317.91	317.09	317.34
6	317.21	316.76	317.87	317.50	317.49	317.96	317.18	317.22
7	317.21	317.08	317.94	317.47	317.37	317.82	317.44	317.23
8	317.22	317.40	317.95	317.85	317.44	317.77	317.05	317.29
9	317.12	317.49	317.96	317.89	317.51	317.69	317.36	317.41
10	316.97	317.41	317.94	317.90	317.38	317.58	317.02	317.50
11	317.10	317.52	317.98	317.92	317.30	317.35	316.58	317.51
12	317.08	317.33	317.96	317.89	317.26	317.10	316.91	317.33
13	317.00	317.05	317.95	317.84	316.82	316.78	317.54	317.30
14	317.18	316.78	317.90	317.64	316.18	316.89	317.85	317.05

续表

日期	11 月	12 月	1 月	2 月	3 月	4 月	5 月	6 月
15	317.30	316.60	317.82	317.52	315.71	316.91	317.96	316.68
16	317.06	316.41	317.78	317.47	315.35	316.87	317.98	316.08
17	317.24	316.34	317.78	317.42	315.25	316.61	317.99	316.62
18	317.67	316.41	317.90	317.46	315.80	316.78	317.99	316.78
19	317.62	316.67	317.96	317.54	315.83	317.35	317.95	316.89
20	317.70	316.87	317.99	317.67	315.81	317.25	317.85	317.32
21	317.73	316.89	317.98	317.68	315.16	317.37	317.78	317.47
22	317.73	316.95	317.99	317.51	314.69	317.50	317.94	317.59
23	317.65	317.13	317.99	317.49	315.01	317.85	317.98	317.78
24	317.64	317.23	317.92	317.57	315.02	317.98	317.66	317.82
25	317.67	317.05	317.87	317.39	314.92	317.97	317.34	317.46
26	317.68	317.04	317.81	317.33	314.96	317.99	317.03	317.39
27	317.69	316.64	317.69	317.29	314.66	317.99	316.90	317.48
28	317.62	316.03	317.75	317.28	314.45	317.99	316.75	317.47
29	317.51	315.34	317.67	317.38	313.20	317.90	316.63	317.42
30	317.38	314.87	317.64		311.95	317.62	316.65	317.44
31		314.56	317.67		314.09		316.56	

对于方案 2，则在现状方案的基础上，使非汛期平均库水位降至略低于 315m 的水平，非汛期平均水位为 314.99m，其控制水位如图 5-4 所示，逐日控制水位见表 5-5。

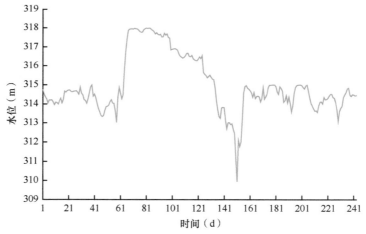

图 5-4　方案 2 非汛期坝前控制水位

表 5-5　方案 2 非汛期坝前逐日控制水位

日期	11 月	12 月	1 月	2 月	3 月	4 月	5 月	6 月
1	314.75	314.56	314.28	317.53	316.48	311.77	314.50	313.91
2	314.53	314.49	314.48	317.54	316.39	312.02	314.90	314.10
3	314.38	314.23	315.77	317.73	316.55	313.21	314.81	314.11

续表

日期	11 月	12 月	1 月	2 月	3 月	4 月	5 月	6 月
4	314.28	314.19	316.72	317.63	315.65	314.58	314.67	314.00
5	314.06	314.04	317.39	317.69	315.56	314.91	314.09	314.34
6	314.21	314.26	317.87	317.50	315.49	314.96	314.18	314.22
7	314.21	314.58	317.94	317.47	315.37	314.82	314.44	314.23
8	314.22	314.90	317.95	316.85	315.44	314.77	314.05	314.29
9	314.12	314.99	317.96	316.89	315.51	314.69	314.36	314.41
10	313.97	314.41	317.94	316.90	315.38	314.58	314.02	314.50
11	314.10	314.52	317.98	316.92	315.30	314.35	313.58	314.51
12	314.08	314.33	317.96	316.89	315.26	314.60	313.91	314.33
13	314.00	314.05	317.95	316.84	314.82	314.28	314.54	314.30
14	314.18	313.78	317.90	316.64	314.18	314.39	314.85	314.05
15	314.30	313.60	317.82	316.52	313.71	314.41	314.96	313.68
16	314.06	313.41	317.78	316.47	313.35	314.37	314.98	313.08
17	314.24	313.34	317.78	316.42	313.25	314.11	314.99	313.62
18	314.67	313.41	317.90	316.46	313.80	314.28	314.99	313.78
19	314.62	313.67	317.96	316.54	313.83	314.85	314.95	313.89
20	314.70	313.87	317.99	316.67	313.81	314.25	314.85	314.32
21	314.73	313.89	317.98	316.68	313.16	314.37	314.78	314.47
22	314.73	313.95	317.99	316.51	312.69	314.50	314.94	314.59
23	314.65	314.13	317.99	316.49	313.01	314.85	314.98	314.78
24	314.64	314.23	317.92	316.57	313.02	314.98	314.66	314.82
25	314.67	314.05	317.87	316.39	312.92	314.97	314.34	314.46
26	314.68	314.04	317.81	316.33	312.96	314.99	314.03	314.39
27	314.69	313.64	317.69	316.29	312.66	314.99	313.90	314.48
28	314.62	313.03	317.75	316.28	312.45	314.99	313.75	314.47
29	314.51	314.34	317.67	316.38	311.20	314.90	313.63	314.42
30	314.88	314.87	317.64		309.95	314.62	313.65	314.44
31		314.56	317.67		312.09		313.56	

对于方案 3 和方案 4，则在方案 1 控制水位的基础上，分别使非汛期水库整体运用水位降低 3m 和 6m 作为其各自的坝前控制水位。方案 3 和方案 4 的运用水位分别集中在 313～315m 和 310～312m。

5.3.2　计算结果及分析

5.3.2.1　各河段冲淤量计算结果分析

1. 黄河小北干流

黄河小北干流从第 1 年汛期到第 4 年非汛期，在 4 种不同的非汛期水位运用条件下，各时期冲淤量的计算结果汇总为表 5-6，计算时段内的累计冲刷量统计结果见图 5-5。

表 5-6　黄河小北干流各时期冲淤量的计算结果　　　　（单位：亿 m³）

水文年	时段	冲淤量			
		方案 1	方案 2	方案 3	方案 4
1	汛期	0.0555	0.0555	0.0555	0.0555
	非汛期	−0.186	−0.188	−0.188	−0.190
2	汛期	0.174	0.174	0.174	0.173
	非汛期	−0.270	−0.271	−0.272	−0.275
3	汛期	−0.009	−0.009	−0.009	−0.010
	非汛期	−0.196	−0.198	−0.198	−0.199
4	汛期	0.013	0.013	0.012	0.012
	非汛期	−0.240	−0.240	−0.241	−0.243

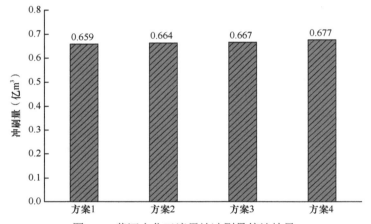

图 5-5　黄河小北干流累计冲刷量统计结果

对于黄河干流潼关以上的河段，方案 1、方案 2、方案 3、方案 4 计算的 4 年累计冲刷量分别为 0.659 亿 m³、0.664 亿 m³、0.667 亿 m³、0.677 亿 m³。方案 2、方案 3、方案 4 相比方案 1（现状方案）都能一定程度上促进河道冲刷，增加量分别为 0.005 亿 m³、0.008 亿 m³、0.018 亿 m³，增加的百分比分别为 0.76%、1.21%、2.73%。

分析表 5-6 及图 5-5 可知，黄河小北干流冲刷量随着水库非汛期整体运用水位的下降而增加，但以上 4 种方案计算出的冲刷量差别不大，降低水库非汛期整体运用水位至 311m 左右对该河段减淤所能起到的效果较为有限。

2. 北洛河下游

北洛河下游状头—华阴河段从第 1 年汛期到第 4 年非汛期，在 4 种不同的非汛期水位运用条件下，各时期冲淤量计算结果汇总为表 5-7，计算时段内的累计冲刷量统计结果见图 5-6。

表 5-7　北洛河下游状头—华阴河段各时期冲淤量计算结果　　（单位：亿 m³）

水文年	时段	冲淤量			
		方案 1	方案 2	方案 3	方案 4
1	汛期	−0.0082	−0.0082	−0.0082	−0.0082
	非汛期	−0.0123	−0.0123	−0.0123	−0.0124
2	汛期	0.0219	0.0219	0.0218	0.0218
	非汛期	−0.0149	−0.0149	−0.0149	−0.015
3	汛期	−0.0078	−0.0078	−0.0078	−0.0078
	非汛期	−0.0155	−0.0155	−0.0155	−0.0155
4	汛期	−0.0079	−0.0079	−0.0079	−0.0078
	非汛期	0.0313	0.0311	0.031	0.0308

　　对于北洛河下游状头—华阴河段，方案 1、方案 2、方案 3、方案 4 计算的 4 年累计冲刷量分别为 0.0134 亿 m³、0.0136 亿 m³、0.0138 亿 m³、0.0141 亿 m³，方案 2、方案 3、方案 4 相比方案 1（现状方案）冲刷增加量分别为 0.0002 亿 m³、0.0004 亿 m³、0.0007 亿 m³，增加的百分比分别为 1.49%、2.99%、5.22%。与之前类似，从方案 2 到方案 4，随着整体运用水位逐渐下降，河道冲刷量有所增加。

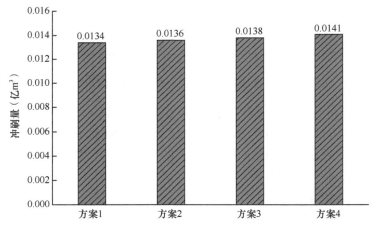

图 5-6　北洛河下游状头—华阴河段累计冲刷量统计结果

3. 渭河下游

　　渭河下游华县—潼关河段从第 1 年汛期到第 4 年非汛期，在 4 种不同的非汛期水位运用条件下，各时期冲淤量计算结果汇总为表 5-8，计算时段内的累计冲刷量统计结果见图 5-7。

表 5-8　渭河下游华县—潼关河段各时期冲淤量计算结果　　（单位：亿 m³）

水文年	时段	冲淤量			
		方案 1	方案 2	方案 3	方案 4
1	汛期	−0.104	−0.104	−0.104	−0.104
	非汛期	−0.194	−0.197	−0.199	−0.209

续表

水文年	时段	冲淤量			
		方案 1	方案 2	方案 3	方案 4
2	汛期	0.223	0.222	0.222	0.223
	非汛期	−0.124	−0.127	−0.131	−0.143
3	汛期	−0.091	−0.092	−0.092	−0.092
	非汛期	−0.342	−0.343	−0.345	−0.349
4	汛期	−0.082	−0.082	−0.083	−0.083
	非汛期	−0.225	−0.227	−0.227	−0.231

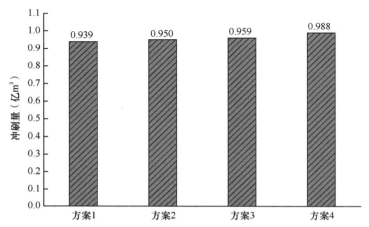

图 5-7 渭河下游华县—潼关河段累计冲刷量统计结果

对于渭河下游华县—潼关河段,方案 1、方案 2、方案 3、方案 4 计算的 4 年累计冲刷量分别为 0.939 亿 m³、0.950 亿 m³、0.959 亿 m³、0.988 亿 m³,方案 2、方案 3、方案 4 相比方案 1(现状方案)冲刷增加量分别为 0.011 亿 m³、0.020 亿 m³、0.049 亿 m³,增加的百分比分别为 1.17%、2.13%、5.22%。

4. 潼关以下库区河段

潼关以下库区河段从第 1 年汛期到第 4 年非汛期,在 4 种不同的非汛期水位运用条件下,各时期冲淤量计算结果汇总为表 5-9,计算时段内的累计淤积量统计结果见图 5-8。

表 5-9 潼关以下库区河段各时期冲淤量计算结果 （单位：亿 m³）

水文年	时段	冲淤量			
		方案 1	方案 2	方案 3	方案 4
1	汛期	0.0904	0.0904	0.0904	0.0903
	非汛期	0.316	0.299	0.294	0.268
2	汛期	0.194	0.194	0.195	0.194
	非汛期	−0.0765	−0.0894	−0.0935	−0.116
3	汛期	0.339	0.34	0.34	0.339
	非汛期	0.0639	0.0674	0.0686	0.0662

续表

水文年	时段	冲淤量			
		方案 1	方案 2	方案 3	方案 4
4	汛期	−0.144	−0.144	−0.144	−0.144
	非汛期	−0.128	−0.134	−0.137	−0.152

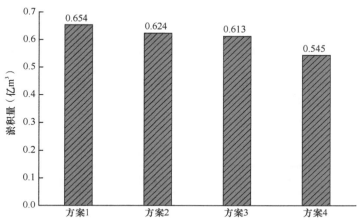

图 5-8　潼关以下库区河段累计淤积量统计结果

从计算结果能够看出,不同运用水位对潼关以下库区河段冲淤量的影响要明显大于其他三个河段,方案 1、方案 2、方案 3、方案 4 计算的 4 年累计淤积量分别为 0.654 亿 m³、0.624 亿 m³、0.613 亿 m³、0.545 亿 m³,方案 2、方案 3、方案 4 相比方案 1(现状方案)都能一定程度上减轻河道淤积,减少量分别为 0.03 亿 m³、0.041 亿 m³、0.109 亿 m³,减淤率分别为 4.59%、6.27%、16.67%。通过降低水库非汛期运用水位,能够有效地改善潼关以下库区河段的淤积状况,特别是当最高库水位降至 312m 后,该河段淤积量会有较大幅度的减少。

各方案计算的结果表明,调整三门峡水库非汛期坝前运用水位,对黄河小北干流、渭河下游华县—潼关河段、北洛河下游状头—华阴河段的河道冲淤有一定影响,但最主要还是影响潼关以下库区河段的冲淤。总体来看,三门峡水库非汛期整体运用水位越低,就越有利于河道冲刷,各河段的淤积量就越少,面对枯水年,可以通过适当降低大坝的控制水位来减轻库区,特别是潼关以下河段的淤积。

5.3.2.2　潼关以下库区河段非汛期冲淤分布

将潼关以下库区河段分为黄淤 41(潼关)—黄淤 36(古夺)、黄淤 36(古夺)—黄淤 30(大字营)、黄淤 30(大字营)—黄淤 22(北村)、黄淤 22(北村)—黄淤 12(上村)、黄淤 12(上村)—坝址 5 个河段,分别统计其冲淤量,将方案 1 至方案 4 各河段非汛期冲淤量计算结果分别汇总于表 5-10～表 5-13,统计不同运用水位条件下各河段非汛期累计冲淤量,如图 5-9 所示。

表 5-10　方案 1 各河段非汛期冲淤量计算结果　　　（单位：亿 m³）

水文年	冲淤量				
	黄淤 41—黄淤 36	黄淤 36—黄淤 30	黄淤 30—黄淤 22	黄淤 22—黄淤 12	黄淤 12—坝址
1	−0.0703	0.159	0.104	0.0805	0.0429
2	−0.323	0.0854	0.0709	0.0579	0.0324
3	0.01	0.0407	0.0102	0.00288	0.000162
4	−0.28	0.0616	0.0413	0.0314	0.0173

表 5-11　方案 2 各河段非汛期冲淤量计算结果　　　（单位：亿 m³）

水文年	冲淤量				
	黄淤 41—黄淤 36	黄淤 36—黄淤 30	黄淤 30—黄淤 22	黄淤 22—黄淤 12	黄淤 12—坝址
1	−0.0702	0.156	0.0874	0.0821	0.0437
2	−0.323	0.0823	0.0571	0.0603	0.0335
3	0.0102	0.0406	0.00801	0.00807	0.000478
4	−0.28	0.0596	0.0335	0.0341	0.0182

表 5-12　方案 3 各河段非汛期冲淤量计算结果　　　（单位：亿 m³）

水文年	冲淤量				
	黄淤 41—黄淤 36	黄淤 36—黄淤 30	黄淤 30—黄淤 22	黄淤 22—黄淤 12	黄淤 12—坝址
1	−0.0687	0.155	0.0806	0.0829	0.0448
2	−0.323	0.081	0.0531	0.0609	0.0339
3	0.0104	0.0409	0.00601	0.0107	0.000668
4	−0.279	0.0586	0.0304	0.0348	0.0186

表 5-13　方案 4 各河段非汛期冲淤量计算结果　　　（单位：亿 m³）

水文年	冲淤量				
	黄淤 41—黄淤 36	黄淤 36—黄淤 30	黄淤 30—黄淤 22	黄淤 22—黄淤 12	黄淤 12—坝址
1	−0.0686	0.155	0.06	0.0737	0.0483
2	−0.322	0.0813	0.0328	0.0549	0.0371
3	0.01	0.0409	−0.00832	0.0209	0.00264
4	−0.28	0.0589	0.0178	0.0309	0.0206

对计算结果进行分析可以发现，在本次计算中，非汛期库区河段淤积都发生在黄淤 36 断面以下，且大部分集中在古夺和上村之间的河段，黄淤 36 以上的潼关—古夺河段则发生了较为明显的冲刷。

对比 4 种方案对冲淤分布的影响，能够看到在每种方案最高控制水位都低于 318m 的前提下，改变运用方式对黄淤 41—黄淤 36 河段冲淤量的影响很小，方案 1 至方案 4 该河段非汛期累计冲刷量分别为 0.663 亿 m³、0.662 亿 m³、0.660 亿 m³、0.661 亿 m³，只有微小的变化，说明水库回水已不再影响该河段，相关单位及科研人员认为，318m 水位最远回水影响末端为黄淤 33 断面，本次计算的结果也验证了这一观点。方案 1 至方案 4 黄淤 36—黄淤 30 河段非汛期累计淤积量分别为 0.347 亿 m³、0.338 亿 m³、0.335 亿 m³、0.336 亿 m³，从方案 1 到方案 3，水库整体控制水位逐渐下降，该河段的淤积量

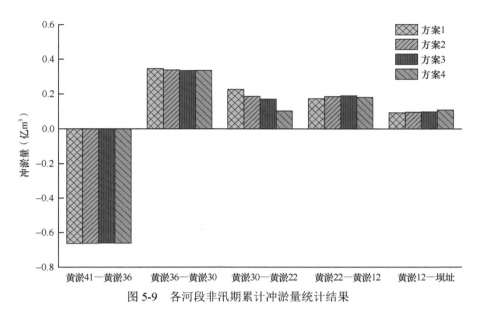

图 5-9　各河段非汛期累计冲淤量统计结果

也有一定程度下降，最高水位从 318m 降到 315m，淤积量减少了 3.5%，当最高水位降到 315m 以下，水库回水末端已经到达不了黄淤 30 断面，因此方案 4 计算出的累计淤积量相比方案 3 几乎没什么变化。方案 1 至方案 4 黄淤 30—黄淤 22 河段非汛期累计淤积量分别为 0.226 亿 m³、0.186 亿 m³、0.170 亿 m³、0.102 亿 m³，不同运用方式对该河段淤积量的影响较大，方案 2 至方案 4 相比方案 1（现状方案）的减淤率分别为 17.7%、24.8%、54.9%，特别是最高控制水位从 315m 降到 312m 时，河段淤积量有较大幅度的下降，分析认为该现象产生的原因可能是随着整体水位进一步下调，方案 4 中坝前水位大部分集中在 310~312m，水库回水影响末端大致位于黄淤 28—黄淤 26 断面，意味着该河段有一部分已经不受其影响，处于自然冲淤演变的状态，因此相比之前 3 个方案，方案 4 该河段淤积量有较大幅度减少。

　　比较方案 1 至方案 4，随着整体控制水位逐渐降低，非汛期库区的淤积重心有下移的趋势。对于黄淤 30 断面以下的部分，黄淤 30—黄淤 22 河段在 4 种运用方案下的非汛期累计淤积量占黄淤 30—坝址总累计淤积量的比例分别为 46.0%、39.9%、37.2%、26.1%，依次递减，而黄淤 22—黄淤 12、黄淤 12—坝址河段在 4 种运用方案下的非汛期累计淤积量占总累计淤积量的比例则分别为 35.1%、39.6%、41.4%、46.1% 和 18.9%、20.6%[①]、21.4%、27.8%，呈现递增的趋势，黄淤 22—黄淤 12 河段的淤积量占比逐渐超过黄淤 30—黄淤 22 河段，成为该河段最主要的淤积部位。因而可以得出，随着大坝总体控制水位从 317m 左右逐渐下降至 311m 左右，潼关以下库区河段的淤积重心将向黄淤 22 断面以下河段转移，特别是黄淤 12 断面以下的河段，在潼关以下库区河段总淤积量不断减少的情况下，其绝对淤积量仍然在不断增加。

---

　　① 本书部分百分比之和不等于 100% 是因为数据进行过舍入修约

5.4 本章小结

自 2012 年以来，三门峡库区的泥沙淤积有加重的趋势，说明水库现行运用方式没有充分适应来水来沙条件的变化，存在进一步的优化空间。采用不同非汛期运用方案对 4 年时间里库区的冲淤演变进行数值模拟，计算结果表明，三门峡水库非汛期整体水位越低，越有利于河道冲刷，各河段的淤积量越少，特别是潼关以下库区河段的淤积量，受坝前水位的影响较大。此外，非汛期运用水位的降低会使得潼关以下河段的淤积重心下移，上游河段可以回归到自然演变的状态。根据以上研究结果，建议对于平水年，水库可以继续按照现行方案运用，对于枯水年，水库应当灵活调整运用方式，适当降低非汛期运用水位，该方法可以有效缓解库区的泥沙淤积。

第6章　黄河中游河道分形特性研究

混沌-分形是非线性流水地貌学研究中的前沿课题，是当代地貌学深层次研究的重要节点，在国内外有着广泛的研究基础。本章在概述国内外研究进展的基础上，基于一维、二维随机中点位移（RMD）模型，在设定的平面上模拟不同形态的河道轮廓及床面轮廓；基于计盒维数法测定禹门口—史家滩河段各段的平面分维值、纵剖面（深泓线）分维值、横剖面分维值。

6.1　分形理论概述

受流域地质构造和上游来水来沙塑造的影响，从禹门口至史家滩的河道走向弯曲起伏，河宽变化不定，具有复杂的不规则性和多尺度性[92]。目前对河道形态的描述多采用长度、弯曲度、曲率半径等概念，其优点是数学描述方便，表达形象易懂，但这些量度概念不能体现出河道局部精细结构的特征状态[93]。

事实上，采用不同单位长度对河道进行测量，河长是不定的，基于长度的相关量度概念本质上是一种比较模糊的描述，这种模糊性一方面是在局部结构上不够客观，另一方面是容易掩盖不同现象间不易被察觉的特征差异[94]。因此，想要进一步深入研究河道形态演变过程，就需要寻找更强有力的分形工具对河道形态进行描述。通过对河道的分形分析，有助于了解黄河中游河道的形态演变规律，丰富河床量化方法。

豪斯多夫（Hausdorff）维数是分形几何的理论基础，目前仅适用于理论上的推导，尚难以在实际中应用[94]。基于豪斯多夫维数发展出了多种新的维数概念，如计盒维数、相似维数、信息维数等，不同的维数概念从不同角度反映研究对象的形态属性，其共同特点是分维值都可以取分数，且在一定范围内与单位尺度无关，即标度不变性[95]。本章主要介绍计盒维数法，其优点是原理易懂，操作简单，应用十分广泛。

计盒维数法的基本理论[94]为：设 F 是 R^n 上任意非空的有界子集，$N_\delta(F)$ 是直径最大为 δ，可以覆盖 F 集的最小个数，则 F 的下计盒维数和上计盒维数分别定义为

$$\underline{\dim}_B F = \varliminf_{\delta \to 0} \frac{\ln N_\delta(F)}{-\ln \delta} \tag{6-1}$$

$$\overline{\dim}_B F = \varlimsup_{\delta \to 0} \frac{\ln N_\delta(F)}{-\ln \delta} \tag{6-2}$$

如果这两个值相等，则称这个共同的值为 F 的计盒维数，记为

$$\dim_B F = \lim_{\delta \to 0} \frac{\ln N_\delta(F)}{-\ln \delta} \tag{6-3}$$

具体应用计盒维数法时，通常采用不同单位长度的尺子来测量河流长度，由测量次

数与流域图比例尺长度的关系，可以确定河长为

$$L = N \cdot r \qquad (6\text{-}4)$$

式中，L 是河长；N 是尺子的测量总数；r 是单位尺子长度。

测量中由于采用不同单位长度的尺子，其测量次数不同，单位尺度越小，其测量的长度越精确，当 r 趋于 0 时，应测得收敛的真实河流长度，有

$$L_0 = \lim_{r_0 \to 0} N_0 r_0 \qquad (6\text{-}5)$$

然而式（6-5）不一定收敛，因为式中的指数可能不为 1。若令其指数为一分数 D，可得

$$L_0 = N_0 r_0^{D} = \text{const} \qquad (6\text{-}6)$$

对式（6-6）取对数，可得

$$\ln(N_0) = -D \ln r_0 + C \qquad (6\text{-}7)$$

只需要点绘出一系列的 $\ln r$ 和 $\ln N$，通过线性回归，得到的斜率相反数即分维值 D。

本章采用 ArcGIS 软件，通过水文分析提取黄河中游禹门口至史家滩 2017 年河道，采用创建渔网法形成不同单位尺寸的网格，使用叠加分析、频数统计方法自动识别覆盖网格数，最终可得到一系列 (r, N)，分维值计算流程如图 6-1 所示。

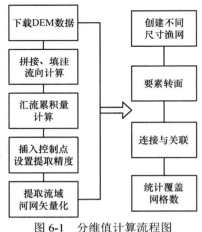

图 6-1　分维值计算流程图

6.2　基于分形的 L 理论及其应用

6.2.1　基于分形的 L 理论

自曼德勃罗（Mandelbrot）提出分形以来，其理论已被广泛应用于各领域，基于分形理论的迭代函数系统法（简称 IFS 法），便是其中一个分支，IFS 法目前主要应用于复杂形态的树木生成[96]，其本质上是一个基于符号的重写系统，通过固定的重写规则对对象的各个部分进行迭代替换，从而形成一个复杂的对象。典型的 D0L 系统可用形式化定义：设 V 表示一字符集，V^* 是定义在 V 上的所有单词合集，V^+ 是定义在 V 上的所有非空字符串的集合。一个字符串 0L 系统是一个有序的三元组集 $G=\langle V, \omega, P \rangle$，这里 $\omega \in V^+$ 是一个非空字符串，称作公理。P 是产生式的有限集合，产生式 $(a, x) \in P$ 写作 $a \to x$，字符 a 和字符串 x 分别称为产生式的前驱和后继。规定，对于任何一个字符 $a \in V$，至少存在一个非空的字符串 x，使得 $a \to x$。当且仅当只有一个非空字符串 x，使得 $a \to x$，就说 0L 系统是确定的，记为 D0L 系统[96-98]。

生成的一系列字符串系统需要对其进行几何解释才能在计算机中绘出图形，目前最常采用的就是龟行算法，即将龟形状定义成一个三元素集合 $\langle x, y, \alpha \rangle$，其中笛卡尔坐标 (x, y) 表示龟形的位置，方向角 α 表示龟头的方向，给出步长 d 和角增量 δ，便可以按照系列形成的字符串逐步行走画图[100, 101]。

采用带参数的 D0L 系统，可以在单一的规则基础之上，通过改变参数来实现多种树木的模拟，其公理及产生式表述如下：

$$\omega(公理): A(l_0, w_0)$$

$$P(产生式): A(l, w) \rightarrow F(l, w)[+\alpha_1 / \varphi_1 A(l * r_1, w * r_2)][+\alpha_2 / \varphi_2 A(l * r_3, w * r_4)]$$

其中，l_0、w_0 分别为树木初始的长度和直径；F 为树木分叉节点；A 为树木顶点；l、w 分别为指定树木节点的长度和直径；α_1、φ_1、α_2、φ_2 分别为树枝旋转角度；r_1、r_2、r_3、r_4 分别为树木长度和直径的缩短系数。

产生式可以用龟行算法[97, 98]来解释，$F(l, w)$表示从初始位置向前移动 l 距离，宽度缩短为 w，$+\alpha$ 表示绕 U 轴逆时针旋转 α 角度，$/\varphi$ 表示绕 H 轴逆时针旋转 φ 角度，$A(l * r_1, w * r_2)$ 表示从初始位置向前移动 $l * r_1$，宽度缩短为$w * r_2$，"["表示将当前状态变量压栈，"]"表示将当前状态变量出栈。其中，三维空间用三个向量 H、L、U 来表示空间乌龟的状态，H 表示向前，L 表示向左，U 表示向上，这些向量具有单位长度且方向正交，即满足方程 $H \times L = U$，乌龟的旋转可以表示为

$$[H', L', U'] = [H, L, U]R$$

其中

$$R_U(\alpha) = \begin{bmatrix} \cos\alpha & \sin\alpha & 0 \\ -\sin\alpha & \cos\alpha & 0 \\ 0 & 0 & 1 \end{bmatrix}$$

$$R_L(\alpha) = \begin{bmatrix} \cos\alpha & 0 & -\sin\alpha \\ 0 & 1 & 0 \\ \sin\alpha & 0 & \cos\alpha \end{bmatrix}$$

$$R_H(\alpha) = \begin{bmatrix} 1 & 0 & -1 \\ 0 & 1 & 0 \\ \sin\alpha & 0 & \cos\alpha \end{bmatrix}$$

通过三维空间旋转矩阵确定乌龟的空间位置，并通过不断迭代形成三维树木。基于 MATLAB 编程，通过数字矩阵，依照产生式形成系列字符串；采用空间随体坐标，逐步读取字符串并依照乌龟几何解释进行画图，最终可形成三维空间树。

取 l_0=80，w_0=20，α_1=35°，α_2=−35°，φ_1=135°，φ_2=135°，r_1=0.85，r_2=0.85，r_3=0.7，r_4=0.7，生成的三维彩色树木如图 6-2 所示。

6.2.2 L 理论在三角洲模拟中的应用前景

三角洲是河流携带大量沉积物流入相对静止和稳定的汇水盆地或区域所形成的不连续岸线的突出的似三角形沉积体，其在河流与湖泊或海洋共同作用下形成，该沉积体可从陆上一直延续到水下，属于大陆与海洋之间的过渡体。

三角洲的形态演变具有混沌性、随机性以及统计意义上的自相似性，是典型的分形结构。从形态上来看，三角洲与三维树木具有许多相似性，是空间上的主干分汊，进

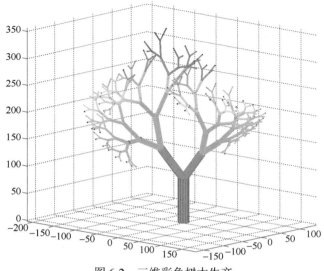

图 6-2   三维彩色树木生产

而形成新的支汊，二者的相似性本质上体现在分维值大小的相近。因此，在未来可进一步探讨 L 理论在三角洲形态模拟中的应用，构建三角洲的分形力学体系，为三角洲形态演变提供新的研究思路。

6.3   基于分形的随机布朗运动及其应用

河道形态具有典型的分形特征，受测量设备及分辨率的影响，目前尚难以获得真实河道的微观精细结构，因此难以从微观分形的角度去探讨河床演变及河道阻力问题[102]。

对河道随机分形描述的经典模型是芒德布罗（Mandelbrot）等提出的随机分形布朗运动模型（FBM）。该模型有两个重要参数：赫斯特（Hurst）指数（ H ）及标准差（ σ ）。 H 是对模拟对象复杂程度的数学描述，σ 则表示局部结构的总体起伏特征。采用 FBM 技术可以生成多分辨率、多结构层次的河道形态，本节以 RMD 法进行介绍[103]。

RMD 法的基本原理是基于 ΔX 方差幂率关系，有

$$E\left[X\left(t+\Delta t\right) - X\left(t\right) \right]^2 = \Delta t^{2H}\sigma^2 \qquad (6\text{-}8)$$

式中，标准差 σ 为初始比例因子，其设定垂直方向的比例；$X(t)$ 为满足高斯分布 $N(0,\sigma^2)$ 的随机变量，赫斯特指数（ H ）与分维值（ D ）的关系为 $H=N+1-D$，其中 N 为拓扑维数，对一维曲线来说，$N=1$，则 $H=2-D$，对于二维曲面来说，$N=2$，则 $H=3-D$。

一维 RMD 法思想为对线段中点的高度进行随机位移，将位移高度作为中点的高度，再对线段对分，进而细分出下一次迭代的中点，并对中点进行位移，如此反复，直到满足一定的空间分辨率[104]。第 n 步的中点位移量为

$$X_n\left(\frac{t_1+t_2}{2} \right) = \frac{1}{2}\left[X_{n-1}\left(t_1\right) + X_{n-1}\left(t_2\right) \right] + \Delta n \qquad (6\text{-}9)$$

式中，Δn 是满足高斯分布 $N(0,\sigma^2)$ 的随机变量。n 步细化后 Δn^2 的表达式为

$$\Delta n^2 = \frac{1-2^{2H-2}}{\left(2^n\right)^{2H}}\sigma^2 \qquad (6\text{-}10)$$

采用一维 RMD 法模拟河道的不同形态。对于河道平面，模拟时迭代次数为 $n=5$，$X=100\text{m}$，$Y=1000\text{m}$，$\sigma=500$，随机种子值为 63，分维值为 $D=1.2$、1.4、1.6、1.8；对于河道纵剖面，模拟时迭代次数为 $n=10$，$X=100\text{m}$，$Y=5\text{m}$，$\sigma=1.5$，随机种子值为 63，分维值为 $D=1.2$、1.4、1.6；对于河道横剖面，模拟时迭代次数为 $n=10$，$X=800\text{m}$，$Y=0\text{m}$，$\sigma=3$，随机种子值为 77，分维值为 $D=1.2$、1.4、1.6。河道形态模拟结果如图 6-3 所示。

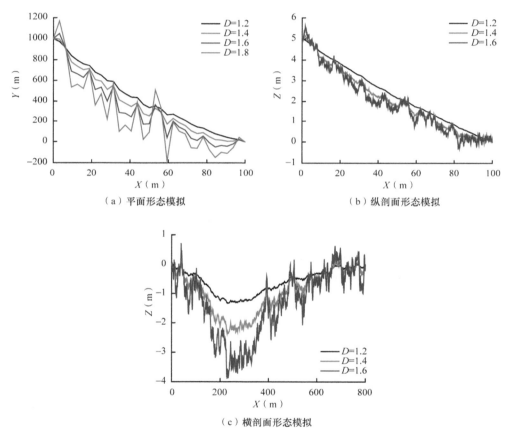

（a）平面形态模拟　　　　　　　　（b）纵剖面形态模拟

（c）横剖面形态模拟

图 6-3　河道形态模拟结果

从图 6-3 可以看出，一维 RMD 法可以准确地模拟河道不同形态的轮廓，不同分维值所构成的河道形态具有相似性，并且随着分维值的增加，形态轮廓愈加复杂，其粗糙度统计值也明显上升。

二维 RMD 法采用 Diamond-Square 算法，其每一步的位移增量是一个满足高斯分布 $N(0,\ \Delta n^2)$ 的随机变量，n 步迭代后方程 Δn^2 取值为

$$\Delta n^2 = \frac{1}{2^{nH}}\sigma^2 \qquad (6\text{-}11)$$

在具体计算时，每一步的计算公式为

$$X_n(x,y) = F_n(x,y) + \Delta n \cdot \text{Gauss}(\ ) \qquad (6\text{-}12)$$

式中，$X_n(x,y)$ 表示当前点的属性值；$F_n(x,y)$ 表示属性均值；点 (x,y) 在边线上时取三点均值，在内部时取菱形四点均值；$\Delta n \cdot \text{Gauss}(\ )$ 表示随机位移量；$\text{Gauss}(\ )$ 表示满足高斯分布 $N(0,\ \Delta n^2)$ 的随机变量[105]。

本节采用 Diamond-Square 算法模拟河床床面形态，床面尺寸为 3m×3m，迭代次数为 $n=8$，即相当于每条边界 257×257 个节点，随机种子值为 77，$\sigma=0.001$，分维值为 $D=2.2$、2.5、2.7、2.9，模拟的床面形态如图 6-4 所示。可以看出，不同分维值的床面形态具有相似性，随着分维值的增大，床面的复杂程度不断增加，粗糙度的峰谷位置不变，但各点的幅值显著增加。

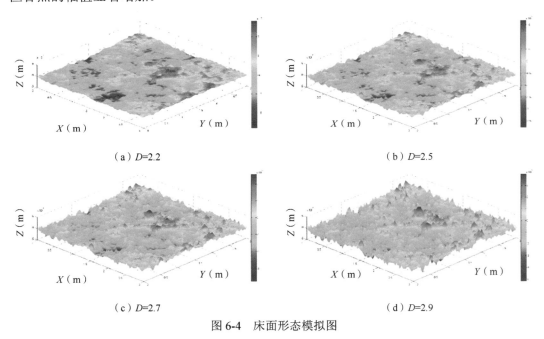

（a）$D=2.2$　　　　　　　　　　　　　　（b）$D=2.5$

（c）$D=2.7$　　　　　　　　　　　　　　（d）$D=2.9$

图 6-4　床面形态模拟图

6.4　基于分形的水动力学方程推导

对于具有分形特征的表面轮廓，可以用由不同计算方法得到的分维值 D 及尺度系数 C 来表示，统一写成如下的幂率关系式[106]：

$$M(\tau) = C\tau^{\alpha} \qquad (6\text{-}13)$$

式中，$M(\tau)$ 为由不同分形计算方法得到的轮廓线测度；τ 为测量尺度；α 为反映轮廓线相似性和复杂性的分维值 D 的函数，即 $\alpha=\alpha(D)$；C 为比例系数，其值大小反映轮廓幅值的大小，也可称为尺度系数。对于二维曲线，$\alpha=2-D$，对于三维曲面，$\alpha=3-D$。

对于河道平面中心线，$\alpha = 2 - D_p$，其长度可表示为

$$L_p = C_p \tau^{2-D_p} \qquad (6\text{-}14)$$

式中，L_p 为河道平面中心线长度；D_p 为河道平面分维值；C_p 为比例系数。

对于河道横剖面，$\alpha = 2 - D_h$，其长度可表示为

$$L_h = C_h \tau^{2-D_h} \qquad (6\text{-}15)$$

式中，L_h 为河道过水湿周长度；D_h 为河道横剖面分维值；C_h 为比例系数。

水流连续性方程：

$$\frac{\partial Q}{\partial x} + B \frac{\partial Z}{\partial t} = q \qquad (6\text{-}16)$$

采用简单的向前差分对方程进行离散，可得

$$\frac{Q_{i+1}^j - Q_i^j}{\Delta x_i} + B_i^j \frac{Z_i^{j+1} - Z_i^j}{\Delta t} = q_i^j \qquad (6\text{-}17)$$

式中，Δx_i 为某一河段的中心线平面长度，采用分形方式表达为

$$\Delta x_i = C_p \tau^{2-D_{pi}^j} \qquad (6\text{-}18)$$

代入水流连续性方程，可得

$$\frac{Q_{i+1}^j - Q_i^j}{C_p \tau^{2-D_{pi}^j}} + B_i^j \frac{Z_i^{j+1} - Z_i^j}{\Delta t} = q_i^j \qquad (6\text{-}19)$$

式（6-19）即分形形式的水流连续性方程。

水流运动方程：

$$\frac{\partial U}{\partial t} + U \frac{\partial U}{\partial x} + g \frac{\partial Z}{\partial x} + g \frac{U|U|}{C^2 R} = 0 \qquad (6\text{-}20)$$

离散可得

$$\frac{U_i^{j+1} - U_i^j}{\Delta t} + U_i^j \frac{U_{i+1}^j - U_i^j}{\Delta x_i} + g \frac{Z_{i+1}^j - Z_i^j}{\Delta x_i} + g \left(\frac{U|U|}{R} \right)_i^j \left(\frac{1}{C^2} \right)_i^j = 0 \qquad (6\text{-}21)$$

式中，C 为谢才系数，可采用曼宁公式表达为

$$C = \frac{1}{n} R^{1/6}$$

其中

$$R = \frac{A}{\chi} = \frac{A}{C_h \tau^{2-D_h}}$$

因此，C 可表示为

$$C = \frac{1}{n} R^{1/6} = \frac{1}{n} \left(\frac{A}{C_h \tau^{2-D_h}} \right)^{1/6}$$

代入离散的水流运动方程，可得

$$\frac{U_i^{j+1} - U_i^j}{\Delta t} + U_i^j \frac{U_{i+1}^j - U_i^j}{C_p \tau^{2-D_{pi}^j}} + g \frac{Z_{i+1}^j - Z_i^j}{C_p \tau^{2-D_{pi}^j}} + g \left(\frac{U|U|}{\frac{A}{C_h \tau^{2-D_h}}} \right)_i^j \left\{ \frac{1}{\left[\frac{1}{n} \left(\frac{A}{C_h \tau^{2-D_h}} \right)^{1/6} \right]^2} \right\}_i^j = 0 \quad (6\text{-}22)$$

式（6-22）即分形形式的水流运动方程。

泥沙连续性方程：

$$\frac{\partial(QS)}{\partial x} + \frac{\partial(AS)}{\partial t} + B\gamma' \frac{\partial y}{\partial t} = 0$$

离散并结合分维值可得

$$\frac{(QS)_{i+1}^j - (QS)_i^j}{C_p \tau^{2-D_{pi}^j}} + \frac{(AS)_i^{j+1} - (AS)_i^j}{\Delta t} + B_i^j \gamma' \frac{y_i^{j+1} - y_i^j}{\Delta t} = 0 \quad (6\text{-}23)$$

式（6-23）即分形形式的泥沙连续性方程。

沙量平衡方程：

$$\frac{\partial S}{\partial x} = -\frac{\alpha \omega}{q}(S - S_*)$$

离散并结合分维值可得

$$\frac{S_{i+1}^j - S_i^j}{C_p \tau^{2-D_{pi}^j}} = \left[-\frac{\alpha \omega}{q}(S - S_*) \right]_i^j \quad (6\text{-}24)$$

式（6-24）即分形形式的沙量平衡方程。

以上推导了分形形式的水沙动力方程，将平面分维值与横剖面分维值加入差分方程中，在进行数值求解过程中，考虑河道平面和纵剖面的分维值的影响，可以使数值计算结果更加精确，更能反映真实的水沙过程。

此外，考虑天然河道的稳定性，基于最小能耗理论可知，当天然河流处于动态稳定平衡状态时，其能耗最小。采用杨志达能耗公式 $P = \gamma QJ = \min$，其中水力坡度 J 可写为

$$J = \frac{\Delta H}{L} = \frac{\Delta H}{C_p \tau^{2-D_p}}$$

代入最小能耗公式，可得分形形式的能耗公式：

$$P = \gamma Q \frac{\Delta H}{C_p \tau^{2-D_p}} \quad (6\text{-}25)$$

当 P 达到最小值时，主流线的平面分维值 D_p 有其对应的确定值，此时，D_p 为该河段饱和输沙时的临界分维值，可作为河型演变过程分析的特征参数之一。

6.5　基于分形的禹门口—史家滩河段河道形态演变

6.5.1　河道平面分形特性

首先对河道平面形态做分形分析。基于以上方法，对各河段进行网格统计，选择的网格尺寸 r 分别为 0.5km、1km、3km、5km、7km、10km、15km、20km，并将测量结果投影在双对数坐标上，如图 6-5 所示。

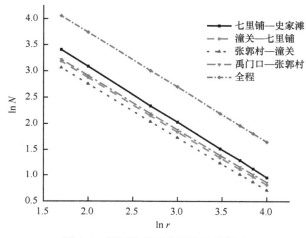

图 6-5　各河段平面分维值线性拟合

从图 6-5 可以看出，随着网格尺寸由小变大，河段长度逐渐减小，经过双对数处理后，呈现出明显的线性关系，通过线性拟合，相关系数在 0.99 以上，表明各河段的平面形态均存在着分形特征，将各河段及全程的拟合曲线和计算出的平面分维值及相关系数列于表 6-1。

表 6-1　禹门口—史家滩各河段及全程的拟合曲线和计算出的平面分维值及相关系数统计表

河段	拟合曲线	平面分维值	相关系数
七里铺—史家滩	$y=-1.0603x+5.2083$	1.0603	0.9990
潼关—七里铺	$y=-1.0305x+4.9344$	1.0305	0.9954
张郭村—潼关	$y=-1.0230x+4.8052$	1.0230	0.9997
禹门口—张郭村	$y=-1.0257x+4.9646$	1.0257	0.9985
全程	$y=-1.0441x+5.8307$	1.0441	0.9999

理论上河道平面分维值的大小反映了河道偏离一维直线的迂回弯曲程度，分维值越大，说明河道迂回弯曲越剧烈，平面发育程度越复杂。禹门口—史家滩不同河段的平面分维值分别为：七里铺—史家滩河段平面分维值为 1.0603，潼关—七里铺河段平面分维值为 1.0305，张郭村—潼关河段平面分维值为 1.0230，禹门口—张郭村河段平面分维值为 1.0257，全程平面分维值为 1.0441。从不同河段的分维值大小分析，七里铺—史家滩河段河道迂回弯曲最剧烈，平面发育程度最复杂，其次为潼关—七里铺河段、禹门口—

张郭村河段、张郭村—潼关河段。

对于黄河小北干流，其地形位于黄河Ⅰ级阶地，库岸较低，平均高出河水面 3～5m，阶地面平坦，宽 500～2500m，平面形态呈哑铃状，河床纵比降上陡下缓，整个小北干流河道断面冲淤变化剧烈，小水走槽、大水漫滩，整体河道中心线弯曲段多但弯曲度较小，弯曲度约为 1.084[107, 108, 109]；对于潼关—坝址河段，其为水库回水影响区，该河段地形位于黄土塬区和黄河Ⅱ级阶地，其中会兴—坝址河段为黄土塬区，该段谷深坡陡，峭壁直立，冲沟特别发育，切深 80～150m，多形成"V"字形；后川、七里铺、北村一带多为黄河Ⅱ级阶地，常形成 30～50m 陡坎或直立陡壁，Ⅱ级阶地地面平坦，阶地面宽 1000～2000m，冲沟发育，整体河道中心线弯曲段多且弯曲度大，弯曲度约为 1.224[110, 111, 112]。

由此可见，平面分维值从分形理论方面定量地揭示了基底构造单元对河流地质的控制作用，河流地质的差异及其所形成的河道地貌特征差异造成不同河段的平面发育形态不同，而平面分维值可以精细地反映这种局部的微变化。如果求得各河段的平面分维值，就可将其作为推断各河段河道发展趋势及发育程度的参考依据。

6.5.2 河道纵剖面分形特性

河道纵剖面深泓线是一条不规则波状曲线，是一种介于极端有序和真正混沌之间的十分复杂的客体，难以用简单的公式来定量描述[113]。比降仅能代表深泓线平均的、线性的变化特征，难以反映其局部的微结构变化，因此，有必要采用分形理论对深泓线结构进行精细刻画和描述。

选取禹门口—史家滩河段 2006～2017 年汛前实测大断面资料，对各河段的深泓线进行分维值计算，计算结果列于表 6-2。可以看出，不同河段、不同年份的深泓线分维值是不相同的，即分维值体现出了深泓线随时间和空间的变化。2006～2017 年，七里铺—史家滩河段深泓线分维值稳定在 1.0424～1.0709，潼关—七里铺河段深泓线分维值稳定在 1.0692～1.0833，张郭村—潼关河段深泓线分维值稳定在 1.0439～1.0597，禹门口—张郭村河段深泓线分维值稳定在 1.0301～1.0555。

表 6-2　禹门口—史家滩各河段 2006～2017 年深泓线分维值统计表

河段	深泓线分维值					
	2006 年	2007 年	2008 年	2009 年	2010 年	2011 年
七里铺—史家滩	1.0582	1.0424	1.0642	1.0534	1.0594	1.0709
潼关—七里铺	1.0692	1.0752	1.0703	1.0833	1.0831	1.0825
张郭村—潼关	1.0553	1.0439	1.0560	1.0595	1.0498	1.0597
禹门口—张郭村	1.0303	1.0417	1.0332	1.0465	1.0358	1.0555
河段	2012 年	2013 年	2014 年	2015 年	2016 年	2017 年
七里铺—史家滩	1.0611	1.0595	1.0615	1.0541	1.0511	1.0533
潼关—七里铺	1.0783	1.0699	1.0810	1.0695	1.0749	1.0813
张郭村—潼关	1.0582	1.0549	1.0541	1.0476	1.0506	1.0555
禹门口—张郭村	1.0397	1.0377	1.0466	1.0372	1.0301	1.0492

河床比降可以用来线性化衡量深泓线的变化特征，而分维值也能反映出深泓线的变化特征，因此，河床比降与分维值之间有着密切的关系，需做进一步研究。列出禹门口—史家滩各河段 2006～2017 年实测河床比降，如表 6-3 所示。以河床比降为横坐标，以相应的纵剖面分维值为纵坐标，绘制二者之间的散点图，如图 6-6 所示。可以看出，河床比降与深泓线分维值呈负相关关系，采用指数函数进行拟合，可得到拟合函数：

$$y=1.0962e^{-0.011x}, n=48, R^2=0.8062 \tag{6-26}$$

式中，n 为散点个数，R^2 为相关系数。

表 6-3　禹门口—史家滩各河段 2006～2017 年实测河床比降（‰）

河段	深泓线分维值					
	2006 年	2007 年	2008 年	2009 年	2010 年	2011 年
七里铺—史家滩	3.457	3.375	3.481	2.250	3.241	3.143
潼关—七里铺	1.919	1.856	1.852	1.652	1.661	1.982
张郭村—潼关	3.522	3.611	3.474	3.641	3.896	3.223
禹门口—张郭村	5.232	5.133	5.032	5.215	4.851	4.869
河段	2012 年	2013 年	2014 年	2015 年	2016 年	2017 年
七里铺—史家滩	3.125	3.237	3.132	2.928	3.805	3.656
潼关—七里铺	1.982	1.873	1.815	1.903	1.542	1.778
张郭村—潼关	3.323	3.546	3.624	3.701	3.417	3.507
禹门口—张郭村	4.583	4.724	4.865	4.753	5.248	4.621

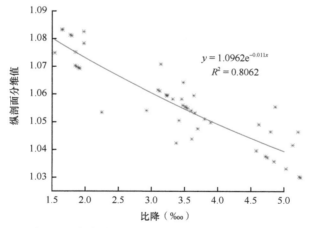

图 6-6　禹门口—史家滩河段纵剖面分维值与河床比降的关系拟合

式（6-26）中，相关系数 R^2 达到 0.8062，说明指数函数拟合良好，即河床比降与深泓线分维值存在显著的负相关关系。结合理论分析可知，河床比降减小时，深泓线一般呈现阶梯状下降的形态，弯曲度增大，纵向起伏度增大，而纵向起伏度的增大使得深泓线分维值增大，这与拟合结果一致。

深泓线的纵向起伏度是河流纵向消能表现方式的一种量度，当河流沿程消能时，河床比降由陡变缓，纵向起伏度由小变大，分维值也由小变大。当某一河段的纵向消能率逐渐趋于稳定时，深泓线分维值也逐渐趋于稳定。因此，深泓线分维值也可以作为河流纵向消能的一种量度[114]。

以上分析了深泓线分维值所代表的物理意义及其与河床比降、纵向消能之间的关系，这里进一步分析各河段的深泓线分维值随时空的变化。对表 6-2 中各河段深泓线分维值进行整理绘图，如图 6-7 所示。

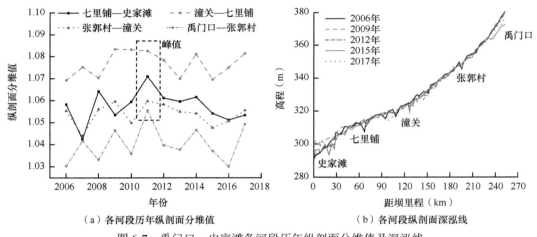

（a）各河段历年纵剖面分维值　　　　　（b）各河段纵剖面深泓线

图 6-7　禹门口—史家滩各河段历年纵剖面分维值及深泓线

从时间变化上来看，各河段深泓线分维值随时间的变化呈现小幅度的不规则波动趋势，波动幅度不大，基本在 0.03 以内，并且各个河段纵剖面分维值的峰值基本出现在 2011 年。分维值随时间的变化趋势反映出了各河段深泓线的调整倾向。自三门峡水库采用蓄清排浑运用方式以来，库区河道在汛期冲刷，在非汛期淤积，整体淤积量大大减少。尤其是 2000 年以来，库区冲淤接近平衡，整个河道形态并无剧烈的冲刷或淤积[115, 116]，河道深泓线处于微调状态，这与计算出的分维值小幅度波动趋势相符。此外，2011 年的来沙量为 4.456 亿 t，为 2006～2017 年最大来沙量。来沙量的增加使得河道淤积增加，进而河床抬升，比降减，分维值增大，这与计算出的分维值峰值出现在 2011 年也一致。

从空间变化上来看，2006～2017 年除个别年份外，基本上潼关—七里铺河段分维值最大，其次为七里铺—史家滩河段、张郭村—潼关河段、禹门口—张郭村河段。分维值随空间的变化趋势反映出河床比降的沿程变化。黄河小北干流地处黄河 I 级阶地，河床纵比降上陡下缓，禹门口—张郭村河段的平均比降为 4.927‰，张郭村—潼关河段的平均比降为 3.540‰。潼关—坝址河段为水库回水影响区，其河床比降与库区淤积形态有密切关系，从 2006～2017 年河道实测纵剖面来看，库区淤积形态接近三角洲淤积，顶坡段比降平缓，前坡段比较陡峭，潼关—七里铺河段的平均比降为 1.818‰，七里铺—史家滩河段的平均比降为 3.236‰。各河段平均河床比降的大小与相应的深泓线分维值相一致，即潼关—七里铺河段河床比降最小，分维值最大；禹门口—张郭村河段河床比降最大，分维值最小。

6.5.3　河道横剖面分形特性

河道横剖面地形是一条不光滑、不规则的波状曲线，其具有自相似的层次结构，不同的尺度测量都反映出形态局部与整体结构的自相似性。目前对河道横剖面的研究主要以定性的描述或定量的断面冲淤量来表达，难以反映其局部微结构的变化，因此有必要对横剖面形态进行分形分析。

选取 2006～2017 年五个断面的汛前实测地形资料，分别为史家滩、七里铺、潼关、张郭村、禹门口，对各断面横剖面形态进行分维值计算，计算结果列于表 6-4。可以看出，不同断面、不同年份的横剖面分维值是不相同的，即分维值体现出了横剖面地形随时间和空间的变化。2006～2017 年，史家滩断面分维值稳定在 1.0041～1.0305，七里铺断面分维值稳定在 1.0063～1.0342，潼关断面分维值稳定在 1.0190～1.0606，张郭村断面分维值稳定在 1.0254～1.0610，禹门口断面分维值稳定在 1.0092～1.0393。

表 6-4　2006～2017 年典型横剖面分维值统计表

断面	分维值					
	2006 年	2007 年	2008 年	2009 年	2010 年	2011 年
史家滩	1.0222	1.0118	1.0287	1.0149	1.0112	1.0159
七里铺	1.0225	1.0183	1.0342	1.0150	1.0202	1.0175
潼关	1.0498	1.0377	1.0414	1.0244	1.0190	1.0494
张郭村	1.0493	1.0413	1.0474	1.0254	1.0396	1.0344
禹门口	1.0282	1.0263	1.0387	1.0092	1.0256	1.0252
断面	2012 年	2013 年	2014 年	2015 年	2016 年	2017 年
史家滩	1.0291	1.0296	1.0305	1.0204	1.0041	1.0104
七里铺	1.0318	1.0316	1.0253	1.0248	1.0063	1.0175
潼关	1.0414	1.0599	1.0606	1.0383	1.0214	1.0285
张郭村	1.0610	1.0586	1.0609	1.0517	1.0327	1.0301
禹门口	1.0342	1.0393	1.0327	1.0327	1.0123	1.0101

断面地形形态的变化主要受库区来水来沙的影响。小水年份，水流只走主槽，泥沙在主槽中以淤积为主，滩地基本不变，所形成的横剖面地形中间抬高，弯曲度减小，向直线趋近；大水年份，水流漫滩，泥沙在主槽以冲刷为主，在滩地以淤积为主，所形成的横剖面地形两端抬高，中间降低，弯曲度增大。横剖面分维值可以反映出断面形态的调整倾向，因此其与来水量有着密切联系，需做进一步分析。列出禹门口—史家滩河段 2006～2017 年实测来水量，如表 6-5 所示。以实测来水量为横坐标，相应的横剖面分维值为纵坐标，绘制二者之间的散点图，如图 6-8 所示。

表 6-5　禹门口—史家滩河段 2006～2017 年实测来水量　　（单位：亿 m³）

年份	2006	2007	2008	2009	2010	2011
来水量	259.88	207.49	263.52	201.22	221.58	242.11
年份	2012	2013	2014	2015	2016	2017
来水量	**270.57**	**365.76**	**279.03**	250.23	152.79	176.3

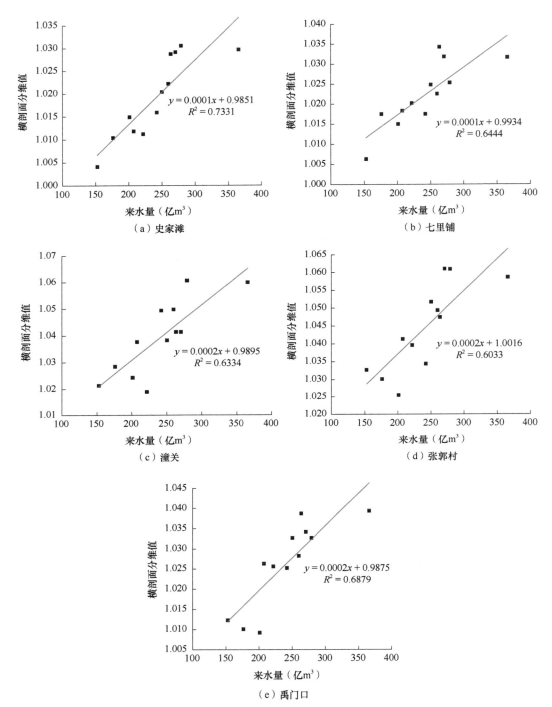

图 6-8　各典型断面横剖面分维值与来水量相关性拟合

图 6-8 表明各个断面的横剖面分维值与来水量呈现正相关关系,采用线性方法拟合,不同断面所拟合的截距和斜率各不相同,表明断面分维值与来水量的关系还与各断面所

处的地质构造有关。此外，拟合的相关系数 R^2 也不相同，史家滩断面拟合系数最大，其次为禹门口、七里铺、潼关、张郭村，这表明不同断面分维值与来水量相关程度不同，有的断面相关性强，有的断面相关性弱。

以上分析了横剖面分维值所代表的物理意义及其与来水量的关系，这里进一步分析典型河段的横剖面分维值随时空的变化。对表 6-4 中各河段分维值进行整理绘图，如图 6-9 所示。

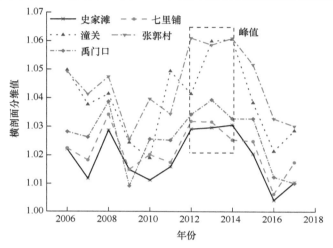

图 6-9 各典型断面横剖面分维值变化

从时间变化上来看，各断面横剖面分维值随时间的变化呈现不规则的波动趋势，波动幅度不定，大体上有先减小再增大，达到峰值后再减小的趋势，且横剖面分维值峰值主要集中在 2012～2014 年。各断面横剖面分维值随时间的变化趋势反映出了不同的滩槽冲淤调整趋向，分维值大，表明来水量大，滩地淤积，主槽冲刷。与纵剖面深泓线形态的微调不同，横剖面形态的年际变化相对要更大一些，水沙量对滩槽的调整幅度也要大于纵剖面深泓线形态的变化幅度。此外，表 6-5 表明 2012～2014 年的来水量为 2006～2017 年的峰值，这与计算出的横剖面分维值峰值区间也一致。

从空间变化上来看，2006～2017 年除个别年份外，基本上张郭村断面横剖面分维值最大，其次为潼关、禹门口、七里铺、史家滩。分维值随空间的变化趋势反映出不同断面所在的地理空间、地质构造上的差异。张郭村断面位于黄河小北干流中部，该地段河道游荡不定，冲淤变化剧烈，主槽摆动严重，所形成的断面形态复杂多变；史家滩断面位于坝址附近，冲淤变化小，河床稳定，主槽不易摆动，因而所形成的断面形态相对简单。

6.6 本 章 小 结

本章在概述国内外分形理论研究进展的基础上，介绍了分形 L 理论生成三维树木的方法以及在三角洲演变中的应用前景；介绍了随机分形布朗运动的模拟方法以及一维、二维 RMD 法的应用；推导了分形形式的水沙动力方程以及最小能耗公式；以黄河干流禹门口—史家滩河段为研究对象，系统分析了不同河段河道的平面形态、纵剖面深泓线形态以及横剖面形态的分形特征。

参 考 文 献

[1] 李星瑾, 张格铖, 娄书建, 等. 三门峡水库运用实践与分析[J]. 人民黄河, 2017, (7): 7-10.

[2] 刘红宾, 王宏耀, 冯宏现. 三门峡水利枢纽泥沙控制的探讨[J]. 人民珠江, 2007, 28(2): 67-69.

[3] 杨方社. 潼关高程对渭河下游冲淤影响的数值模拟研究[D]. 西安: 西安理工大学, 2004.

[4] 张金良. 黄河水沙联合调度关键问题与实践[M]. 北京: 科学出版社, 2020.

[5] 王晓彦. 三门峡水库运用对潼关高程影响的数值模拟研究[D]. 西安: 西安理工大学, 2009.

[6] 梁国亭, 姜乃迁, 余欣. 三门峡水库水沙数学模型研究及应用[M]. 郑州: 黄河水利出版社, 2008.

[7] 吴保生, 郑珊, 沈逸. 三门峡水库冲淤与"318"运用的影响[J]. 水利水电技术, 2020, 51(11): 1-12.

[8] 焦恩泽, 张清, 江恩惠, 等. 三门峡水库"318"试验效益评估与建议[J]. 泥沙研究, 2009, (1): 10-14.

[9] 林秀芝, 董晨燕, 李丹丹. 三门峡水库淤积分析和运用方式研究[J]. 华北水利水电大学学报(自然科学版), 2018, 39(5): 22-26.

[10] 郑珊, 吴保生, 侯素珍, 等. 三门峡水库时空冲淤与滞后响应[J]. 水利学报, 2019, 50(12): 1433-1445.

[11] 韩其为. 对三门峡水库冲淤及潼关高程的几点看法[J]. 人民黄河, 2006, (1): 1-3.

[12] 郭庆超, 胡春宏, 陆琴, 等. 三门峡水库不同运用方式对降低潼关高程作用的研究[J]. 泥沙研究, 2003, (1): 1-9.

[13] 袁峥, 赵海镜, 梁林江, 等. 渭河下游河道泥沙淤积现状及趋势分析[J]. 人民黄河, 2016, 38(1): 19-21.

[14] 侯素珍, 姜乃迁, 张原锋, 等. 潼关高程的演变特性及成因分析[J]. 人民黄河, 2004, 26(6): 27-28.

[15] 侯素珍, 王平, 吕秀环. 黄河小北干流近期河床演变成因分析[J]. 人民黄河, 2008, 30(11): 22-23.

[16] 周建军, 林秉南. 对黄河潼关高程问题的认识[J]. 中国水利, 2003, (12): 46-48, 43.

[17] 吴保生, 王光谦, 王兆印, 等. 来水来沙对潼关高程的影响及变化规律[J]. 科学通报, 2004, 49(14): 1461-1465.

[18] 吴保生, 夏军强, 王兆印. 三门峡水库淤积及潼关高程的滞后响应[J]. 泥沙研究, 2006, (1): 9-16.

[19] 张金良, 练继建, 王育杰. 黄河高含沙洪水"揭河底"机理探讨[J]. 人民黄河, 2002, 24(8): 30-33.

[20] 侯素珍, 郭秀吉, 胡恬. 三门峡水库运用水位对库区淤积分布的影响[J]. 泥沙研究, 2019, 44(6): 17-21.

[21] 段新奇, 赵赛生, 高德松, 等. 三门峡水库控制运用及库区冲淤特性分析[J]. 泥沙研究, 2008, (1): 63-69.

[22] 吴保生, 邓玥. 三门峡水库非汛期控制运用水位对库区泥沙冲淤的影响[J]. 水力发电学报, 2007, 26(2): 93-98.

[23] 杨光彬, 吴保生, 章若茵, 等. 三门峡水库"318"控制运用对潼关高程变化的影响[J]. 泥沙研究, 2020, (3): 38-45.

[24] 王平, 姜乃迁, 侯素珍, 等. 三门峡水库原型试验冲淤效果分析[J]. 人民黄河, 2007, (7): 22-24.

[25] 梁国亭, 张仁. 黄河小北干流一维分组泥沙冲淤数学模型[J]. 人民黄河, 1996, (9): 37-39.

[26] 岳德军. 黄河三门峡库区一维泥沙数学模型[J]. 人民黄河, 1994, 17(1): 15-16.

[27] 冯普林, 陈乃联, 马雪妍, 等. 渭河下游一维洪水演进数学模型研究[J]. 人民黄河, 2009, (6): 46-49.

[28] 彭一航. 基于悬移质不平衡输沙的库区冲淤数值模拟[D]. 天津: 天津大学, 2012.

[29] 陈前海, 方红卫, 王光谦. 三门峡库区一维非恒定非均匀泥沙输移数学模型[J]. 水科学进展, 2004,

15(2): 160-164.

[30] Wang Z, Xia J, Zhou M, et al. Numerical modeling of hyperconcentrated confluent floods from the Middle Yellow and Lower Weihe Rivers[J]. Water Resources Research, 2019, 55(3): 1972-1987.

[31] Wang Z, Xia J, Zhou M, et al. Modelling hyperconcentrated floods in the Middle Yellow River using an improved river network model[J]. Catena, 190: 104544.

[32] 邵文伟, 吴保生, 王彦君, 等. 黄河小北干流汛期和非汛期冲淤过程模拟[J]. 地理学报, 2018, 73(5): 880-892.

[33] 邓安军, 郭庆超, 陈建国. 黄河小北干流河道冲淤演变规律研究[J]. 泥沙研究, 2011, (2): 27-32.

[34] 练继建, 刘媛媛, 胡明罡, 等. 应用改进 BP 网络对潼关高程的预测[J]. 水利学报, 2003, (8): 96-100.

[35] 张金良, 刘媛媛, 练继建. 模糊神经网络对汛期三门峡水库泥沙冲淤量的计算[J]. 水力发电学报, 2004, 23(2): 39-43.

[36] 方红卫, 何国建, 郑邦民. 水沙输移数学模型[M]. 北京: 科学出版社, 2015.

[37] 白玉川, 万艳春, 黄本胜, 等. 河网非恒定流数值模拟的研究进展[J]. 水利学报, 2000, 31(12): 43-47.

[38] de Saint-Venant B. Theory of unsteady water flow with application to river floods and to propagation of tides in river channels[J]. French Academy of Science, 1871, 73: 148-154, 237-240.

[39] 郭新蕾. 河网的一维水动力及水质分析研究[D]. 武汉: 武汉大学, 2005.

[40] Stoker J J. Numerical Solution of Flood Prediction and River Regulation Problems: Report Ⅰ: Derivation of Basic Theory and Formulation of Numerical Methods of Attack[M]. New York University, Institute of Mathematical Science, Report No. IMM-NYU-200, 1953.

[41] 耿艳芬. 河网水沙的数值模拟[D]. 大连: 大连理工大学, 2003.

[42] 李岳生, 杨世孝, 肖子良. 网河不恒定流隐式方程组的稀疏矩阵解法[J]. 中山大学学报(自然科学版), 1977, (3): 28-38.

[43] Dronkers J J. Tidal computations for rivers, coastal areas and seas[J]. Journal of the Hydraulics Division, 1969, 95(1): 29-78.

[44] 张二骏, 张东生, 李挺. 河网非恒定流的三级联合解法[J]. 华东水利学院学报, 1982, (1): 4-16.

[45] 吴寿红. 河网非恒定流四级解法[J]. 水利学报, 1985, (8): 44-52.

[46] 李义天. 河网非恒定流隐式方程组的汊点分组解法[J]. 水利学报, 1997, (3): 49-57.

[47] Naidu B J, Bhallamudi S M, Narasimhan S. GVF computation in tree-type channel networks[J]. Journal of Hydraulic Engineering, 1997, 123(8): 700-708.

[48] Cunge J A. Two-dimension modeling of flooding plains[M]// Mahood K, Yevjevich V. Unsteady Flow in Open Channels. Vol(2). Colorado: Water Resources Publications, 1975.

[49] 姚琪, 丁训静, 郑孝宇. 运河水网水量数学模型的研究和应用[J]. 河海大学学报, 1991, (4): 9-17.

[50] 徐小明. 大型河网水力水质数值模拟方法[D]. 南京: 河海大学, 2001.

[51] 王洪梅. 悬移质不平衡输沙数值模拟及河道冲淤预测[D]. 天津: 天津大学, 2010.

[52] 韩其为. 非均匀悬移质不平衡输沙的研究[J]. 科学通报, 1979, 24(17): 804-808.

[53] Han Q, He M. A mathematical model for reservoir sedimentation and fluvial processes[J]. International Journal of Sediment Research, 1990, (2): 43-84.

[54] 李义天. 冲积河道平面变形计算初步研究[J]. 泥沙研究, 1988, (1): 36-46.

[55] 杨国录, 菲力蒲, 白莱德, 等. 冲积河流一维数学模型[J]. 泥沙研究, 1989, (4): 41-53.

[56] 韦直林, 赵良奎, 付小平. 黄河泥沙数学模型研究[J]. 武汉水利电力大学学报, 1997, 30(5): 21-25.

[57] Feldman A D. HEC models for water resources system simulation: theory and experience[J]. Advances in Hydroscience, 1981, 12: 297-423.

[58] 丁君松, 丘凤莲. 汊道分流分沙计算[J]. 泥沙研究, 1981, (1): 59-66.

[59] 韩其为, 何明民, 陈显维. 汊道悬移质分沙的模型[J]. 泥沙研究, 1992, (1): 44-54.

[60] 杨国录. 鹅头型汊道首部水流、泥沙运动的探讨[J]. 武汉水利电力学院学报, 1982, (2): 51-62.

[61] 秦文凯, 府仁寿, 韩其为. 汊道悬移质分沙模型[J]. 泥沙研究, 1996, (3): 21-29.

[62] 余新明, 谈广鸣. 河道冲淤变化对分流分沙比的影响[J]. 武汉大学学报(工学版), 2005, 38(1): 44-48.

[63] 石长伟, 张英, 梁林江, 等. 渭河下游近期冲淤变化及其原因分析[J]. 水资源与水工程学报, 2018, (1): 134-137, 143.

[64] 张华庆, 金生, 沈汉堃, 等. 珠江三角洲河网非恒定水沙数学模型研究[J]. 水道港口, 2004, (3): 3-10.

[65] Fread D L. Technique for implicit dynamic routing in rivers with tributaries[J]. Water Resources Research, 1973, 9(4): 918-926.

[66] 李琳琳, 余锡平. 分汊河道分沙的三维数值模型[J]. 清华大学学报(自然科学版), 2009, (9): 70-75.

[67] 来志刚, 李适宇, 曾凡棠. 珠江三角洲感潮河网区一维非恒定流数值模拟研究[C]. 北京: 第十七届全国水动力学研讨会暨第六届全国水动力学学术会议, 2003.

[68] 万兆惠, 宋天成. 一维泥沙数学模型在黄河下游应用的讨论[J]. 水科学进展, 1993, (2): 120.

[69] 武汉水利电力学院河流泥沙工程学教研室. 河流泥沙工程学[J]. 水文, 1981, (2): 61.

[70] 张诚, 张玉晖, 屠新武. 渭河、北洛河下游河道冲淤变化分析[J]. 现代商贸工业, 2014, (7): 190.

[71] 黄修山. 渭河下游河道淤积萎缩对洪水演进规律的影响研究[D]. 西安: 西安理工大学, 2005.

[72] 张俊英, 冯普林. 北洛河下游水沙特点及其对渭河尾闾冲淤的影响[J]. 陕西水利, 1999, (3): 40-41.

[73] 齐璞, 孙赞盈. 北洛河下游河槽形成与输沙特性[J]. 地理学报, 1995, 62(2): 168-177.

[74] 李文学, 安催花, 付健. 小浪底水库高滩深槽塑造及支流库容利用研究[M]. 郑州: 黄河水利出版社, 2015.

[75] 王洪梅. 悬移质不平衡输沙数值模拟及河道冲淤预测[D]. 天津: 天津大学, 2010.

[76] 李义天, 谢鉴衡. 冲积平原河流平面流动的数值模拟[J]. 水利学报, 1986, (11): 11-17.

[77] 巨胜利, 等. 黄河下游河道冲淤数学模型[C]. 西北水利科学研究所, 1987.

[78] 涂启华, 杨赉斐. 泥沙设计手册[M]. 北京: 中国水利水电出版社, 2006.

[79] 费祥俊. 黄河中下游含沙水流粘度的计算模型[J]. 泥沙研究, 1991, (2): 1-13.

[80] Lane E W. Design of stable channels[J]. Transactions of the American Society of Civil Engineers, 1955, 120: 1234-1260.

[81] Lane E W, Koelzer V A. Density of Sediments Deposited in Reservoirs[M]. Rep. No. 9 of a Study of Methods Used in Measurement and Analysis of Sediments Loads in Streams, Engineering District, St. Paul, Minn, 1953.

[82] 韩其为, 何明民. 泥沙数学模型中冲淤计算的几个问题[J]. 水利学报, 1988, (5): 16.

[83] 张红武, 张清. 黄河水流挟沙力的计算公式[J]. 人民黄河, 1992, (11): 7-9.

[84] 张红艺, 周赤建, 张欧阳, 等. 高含沙水流挟沙力计算公式研究[J]. 水力发电学报, 2004, 23(1): 74-78.

[85] 曹如轩. 高含沙水流挟沙力的初步研究[J]. 水利水电技术, 1979, (5): 55-61, 34.

[86] 韩其为, 何明民. 恢复饱和系数初步研究[J]. 泥沙研究, 1997, (3): 32-40.

[87] 韩其为, 陈绪坚. 恢复饱和系数的理论计算方法[J]. 泥沙研究, 2008, (6): 8-16.

[88] 王新宏, 曹如轩, 沈晋. 非均匀悬移质恢复饱和系数的探讨[J]. 水利学报, 2003, 34(3): 120-124, 128.

[89] 韦直林, 谢鉴衡, 傅国岩, 等. 黄河下游河床变形长期预测数学模型的研究[J]. 武汉大学学报(工学版), 1997, (6): 1-5.

[90] 胡鹏, 崔小红, 周祖昊, 等. 流域水文模型中河道断面概化的原理和方法[J]. 水文, 2010, (5): 38-41, 79.

[91] 夏双喜. 河流型水库一维水沙数学模型研究及应用[D]. 西安: 西安理工大学, 2008.

[92] 左大康, 张科利, 王斌科, 等. 黄河流域环境演变与水沙运行规律研究[J]. 人民黄河, 1995, 4(2): 41-42.

[93] 侯素珍, 王平. 三门峡库区冲淤演变研究[M]. 郑州: 黄河水利出版社, 2006.

[94] 谢和平, 张永平, 宋晓秋. 分形几何——数学基础与应用[M]. 重庆: 重庆大学出版社, 1991.

[95] 张济忠. 分形[M]. 北京: 清华大学出版社, 1995: 111-140.

[96] 魏琼, 蒋湘宁. 基于 D0L 系统的树木三维可视化模型研究[J]. 北京林业大学学报, 2003, (3): 64-67.

[97] 岳晓琳. 基于 L-系统的植物分支模式研究[D]. 济南: 山东师范大学, 2014.

[98] 王方石. L-系统在植物模拟中的应用[J]. 北方交通大学学报, 1998, 22(3): 45-48.

[99] 蒋丽涛. 基于素描 L-系统的植物生长模型研究[D]. 哈尔滨: 哈尔滨理工大学, 2009.

[100] 孔勇. 基于 L 系统的植物形态模拟[D]. 西安: 西安电子科技大学, 2007.

[101] 钟亮, 许光祥. 河道形态特征的随机分形模拟[J]. 人民黄河, 2012, 34(4): 30-32.

[102] 钟亮. 河道形态阻力分形特征研究[D]. 重庆: 重庆交通大学, 2011.

[103] 元媛, 卢金友, 齐孟骥, 等. 河道断面分维值对面积测算误差的影响研究[J]. 泥沙研究, 2017, 42(5): 13-18.

[104] 元媛, 卢金友, 张小峰. 基于分形曲面的河道槽蓄量计算精度影响因素研究[J]. 泥沙研究, 2017, 42(4): 23-29.

[105] 王卫红, 徐鹏, 田世民. 分形理论在河型研究中的应用探讨[J]. 泥沙研究, 2010, (2): 35-42.

[106] 刘社强, 郭宝群, 田文君. 黄河小北干流河段水沙变化及冲淤特性[J]. 人民黄河, 2015, 37(8): 13-16.

[107] 李永乐. 三门峡水库库岸坍塌成因分析与防治措施研究[J]. 水土保持学报, 2003, 17(6): 129-132.

[108] 董恒笔, 胡雪生, 张清盛, 等. 黄河中游河龙段岩土侵蚀环境地质背景[J]. 陕西地质, 2008, 26(1): 60-68.

[109] 张炳臣. 黄河三门峡水库泥沙淤积、地下水浸没、库岸坍塌对生态的破坏及其治理措施[J]. 环境科学, 1986, (5): 65-71, 96.

[110] 罗启民. 三门峡水库的塌岸与防护[J]. 人民黄河, 1983, (4): 23-25.

[111] 程彦培, 石建省, 叶浩, 等. 黄河中游地质环境背景分析与岩土侵蚀类型划分[J]. 南水北调与水利科技, 2010, 8(6): 4-9, 17.

[112] 范小龙. 分形理论在水文水资源中的应用[J]. 黑龙江科技信息, 2017, (3): 260.

[113] 金德生, 陈浩, 郭庆伍. 河道纵剖面分形-非线性形态特征[J]. 地理学报, 1997, 52(2): 154-162.

[114] 胡春宏. 我国多沙河流水库"蓄清排浑"运用方式的发展与实践[J]. 水利学报, 2016, 47(3): 283-291.

[115] 杜殿勋, 朱厚生. 三门峡水库水沙综合调节优化调度运用的研究[J]. 水力发电学报, 1992, (2): 14-26.